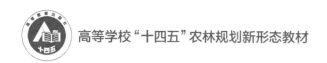

高等学校"十四五"农林规划新形态教材

热带林木遗传育种学
实验指导

主　编　陈金辉

副主编　陈蓓蓓　涂志华

编　者　（按姓氏笔画排序）

孔令珊（海南大学）

巩琛锐（河南农业大学）

许洁茹（海南大学）

杜如月（海南大学）

陈金辉（海南大学）

陈蓓蓓（广东海洋大学）

孟祥旭（海南大学）

赵文秀（海南大学）

徐家洪（海南大学）

涂志华（海南大学）

中国教育出版传媒集团

高等教育出版社·北京

内容简介

　　本书主要以热带树种为实验材料,共设计 20 个实验,包括 3 个细胞学基础实验、3 个分子遗传学基础实验、7 个杂交育种基础实验和 7 个林木育种综合实验。其中,细胞学基础实验包括植物染色体组型分析、根尖细胞有丝分裂和减数分裂过程的制片与观察;分子遗传学基础实验包括木本植物基因组 DNA 和 RNA 的提取、基因扩增与琼脂糖凝胶电泳分离鉴定。这两部分为本书中林木遗传学实验部分,要求学生全面掌握实验原理和方法。7 个杂交育种基础实验包括林木开花习性观察、花形态结构的解剖和观察、花粉的收集与贮藏、花粉形态结构观察、花粉生活力测定、树木有性杂交、木本植物室内切枝杂交技术;7 个林木育种综合实验包括林木育种田间试验设计、林木引种计划制定、林木优树选择、林木超级苗选择、木本植物扦插技术、木本植物嫁接技术和木本植物组织培养。这两部分为本书中林木育种学实验部分,要求学生理解实验原理,掌握实验方法。每一个实验都详细介绍了实验原理、实验试剂、实验方法与注意事项,并附注参考实验,便于读者深入学习。

　　本书适用于高等院校林学等相关专业的本科教学使用,同时也可供从事林学相关专业的研究生及科研人员参考使用。

图书在版编目（CIP）数据

　　热带林木遗传育种学实验指导 / 陈金辉主编 . -- 北京：高等教育出版社，2023.12

　　ISBN 978-7-04-060376-7

　　Ⅰ. ①热… Ⅱ. ①陈… Ⅲ. ①热带 – 林木 – 植物育种 – 遗传育种 – 实验 – 高等学校 – 教材 Ⅳ. ① S722.3-33

　　中国国家版本馆 CIP 数据核字（2023）第 066464 号

Redai Linmu Yichuan Yuzhongxue Shiyan Zhidao

| 策划编辑 赵晓玉 | 责任编辑 赵晓玉 | 封面设计 裴一丹 | 责任印制 高 峰 |

出版发行	高等教育出版社	网　　址	http://www.hep.edu.cn
社　　址	北京市西城区德外大街4号		http://www.hep.com.cn
邮政编码	100120	网上订购	http://www.hepmall.com.cn
印　　刷	固安县铭成印刷有限公司		http://www.hepmall.com
开　　本	787mm×1092mm　1/16		http://www.hepmall.cn
印　　张	9.25		
字　　数	230 千字	版　　次	2023 年 12 月第 1 版
购书热线	010-58581118	印　　次	2023 年 12 月第 1 次印刷
咨询电话	400-810-0598	定　　价	28.00元

本书如有缺页、倒页、脱页等质量问题,请到所购图书销售部门联系调换
版权所有　侵权必究
物 料 号　60376-00

新形态教材·数字课程（基础版）

热带林木遗传育种学实验指导

主编　陈金辉

登录方法：

1. 电脑访问 http://abooks.hep.com.cn/60376，或微信扫描下方二维码，打开新形态教材小程序。
2. 注册并登录，进入"个人中心"。
3. 刮开封底数字课程账号涂层，手动输入 20 位密码或通过小程序扫描二维码，完成防伪码绑定。
4. 绑定成功后，即可开始本数字课程的学习。

绑定后一年为数字课程使用有效期。如有使用问题，请点击页面下方的"答疑"按钮。

新形态教材网 Abooks

关于我们｜联系我们　　　登录/注册

热带林木遗传育种学实验指导

陈金辉

开始学习　　收藏

　　热带林木遗传育种学实验指导数字课程与纸质教材一体化设计，是纸质教材的扩展和补充。主要包括各实验教学课件、图片、附录等参考资料，以供教师教学和学生自学时参考。

http://abooks.hep.com.cn/60376

前　言

　　林木遗传育种学课程分为林木遗传学和林木育种学两大模块，是林学专业的核心课程之一，也是森林保护、水土保持学等相关专业的选修课程。在当前高素质林业人才需求的背景下，林学专业人才培养更加注重实践技能和创新能力的培养。林木遗传育种学作为林学专业中基础性和应用性较强的学科之一，在课程中应强化实践教学环节，着力培养学生的实践技能和创新能力，以适应新时代社会发展和生产对人才的新需求。

　　林木遗传育种学实验教材是课程实验教学的依据，对于规范实验环节、提高教学效果具有重要作用。目前，林木遗传育种学理论与技术不断发展和更新，各高校林木遗传育种学实验教学内容差异很大。本书是根据林木遗传育种学教学体系、教学规律和教学特点，以热带树种为实验材料，融合海南大学林学院林木遗传育种实验课程教学中多年积累的经验，并借鉴其他高校开展相关课程的经验编写而成。本书在内容上涵盖了从本科到研究生阶段林木遗传育种课程实验中的教学需求，可作为林学相关专业的教材使用，也可作为从事林业相关行业科研人员和科技工作者的参考用书。

　　本书共设计 20 个实验，涵盖林木的细胞学基础、杂交育种、分子遗传学等内容。具体分工如下：实验一、三、十八由陈金辉、赵文秀撰写，实验二、十七、十九、二十由陈蓓蓓和徐家洪撰写，实验四、五、六、七由涂志华和孔令珊撰写，实验八、十一、十二、十三由陈蓓蓓和杜如月撰写，实验九、十、十四、十五、十六由涂志华和孟祥旭撰写。陈金辉负责全书的统稿和审稿工作。陈蓓蓓、涂志华、巩琛锐和许洁茹协助进行统稿与校对等工作。

　　本书编写过程中参考了较多的文献，在此对本书所有参考引用的参考文献作者表示谢意。教材编写过程中得到了众多专家、领导、同行的指导与帮助，高等教育出版社对本书的撰写、出版给予了大力支持和帮助，在此深表谢意。国家自然科学基金（31960321、31901330 和 31901338），海南大学教育教学改革研究项目（项目编号：hdjy2063）、海南大学科研启动经费［KYQD(ZR)1830］对本书的出版给予了经费资助，在此表示衷心感谢！

　　由于编写时间仓促，本书中难免存在不足之处，恳请各位专家和读者不吝批评指正。

编　者

2021 年 12 月 20 日

目 录

实验一

植物染色体核型分析

基础知识

一、植物染色体核型

1. 染色体核型

染色体组型（核型）是指生物体细胞中的全部染色体的大小、形态和数目等信息。染色体分为常染色体和性染色体两类。细胞中的大多数染色体都为常染色体，常染色体上一般没有决定性别的主要基因，同源的两条常染色体具有相同的形态特征。性染色体是除常染色体外，具有决定性别基因的染色体。

2. 染色体的数目

通常情况下，每个生物的染色体数目是恒定不变的，在二倍体生物中，每个体细胞都分别包含一组来自母本和父本的染色体。体细胞中染色体数目与该物种配子体染色体数目相同的个体称为单倍体。通常用 $2n$ 表示二倍体的染色体数目，用 n 表示单倍体的染色体数目。如杨树体细胞染色体数目表示为 $2n = 38$，性细胞为 $n=19$；松树 $2n = 24$，$n = 12$。表 1–1 为部分植物体细胞的染色体数目。

表 1–1 部分植物体细胞染色体数目

物种	染色体数目	物种	染色体数目	物种	染色体数目
橡胶树	36	小麦	42	陆地棉	52
椰子	34	燕麦	42	白楠	24
棕榈	36	海带	44	马尾松	24
杨树	38	人参	44	杉木	22
柳树	38	马铃薯	48	苹果	34
大豆	40	含羞草	48	桉树	22
花生	40	海岛棉	52	桦木	28
柚	18	荔枝	18，30	柠檬	18，36

染色体组指二倍体生物单个性细胞里的全部染色体，一个染色体组所包含的染色体数目称为物种的染色体基数，用 X 表示。体细胞中含有一个染色体组的生物称为一倍体（1X）；体细胞中含有二个染色体组的生物称为二倍体（2X）；体细胞中含有三个染色体组的生物称为三倍体（3X）；体细胞中含有四个染色体组的生物称为四倍体（4X）；体细胞中含有三个染色体组及以上的生物通称为多倍体（nX）。

3. 染色体的形态

染色体是 DNA 和蛋白质相结合形成的一种棒状复合体，在细胞中常以染色质的形式存在。在细胞分裂的一定时期，染色质高度螺旋化形成特定的形态。在细胞有丝分裂时，每条染色体的两条染色单体分向细胞两极，形成子细胞。进入分裂的中期和早后期后染色体才表现出典型形态，所以染色体形态的观察研究通常在中期进行。从外形看，典型的染色体由以下几个部分组成（如图 1-1）：

（1）着丝粒　着丝粒位于染色体的主缢痕处的固定位置，细胞分裂中期着丝粒连接两条姐妹染色单体。

（2）着丝点（主缢痕）　其特点是缢缩，相对不着色（不为常规着色）。在细胞分裂中着丝点与纺锤丝相连，指引染色体向两极移动，着丝点缺失的染色体在细胞分裂过程中会被遗弃。着丝点位置也是染色体形态分类的一个重要依据。

（3）次缢痕　其特点是缢缩，相对不着色。次缢痕是核仁组成中心，具有组成核仁的功能，细胞分裂时可以看到次缢痕与一个球形核仁相连。

（4）染色体臂　着丝点将一条染色体隔为两部分，每一部分是染色体的一条臂，着丝粒不在染色体中央时，形成的两条不同长度的臂，长的为长臂（q），短的为短臂（p）。

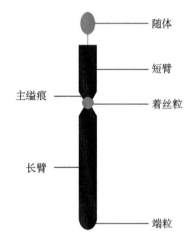

图 1-1　染色体形态模式图

（5）随体　在次缢痕的外端所具有的圆形或棒形的结构。其大小不等，小的甚至难以辨认，大的则可比染色体臂大。

着丝点与次缢痕的区别：①着丝点是每个染色体都有的，而次缢痕则不一定，因此，将仅有一个缢缩的定义为着丝点；②同时有着丝点和次缢痕时，染色体在着丝点部位常呈一定程度的弯曲，而次缢痕则没有，所以，将弯曲部位定义为着丝点。

染色体的形态还包括染色体的大小（主要指长度），不同的物种或同一物种的不同染色体表现出不同的特征，染色体这种形态上的特异性是识别一些特定染色体的重要标志。

4. 染色体核型分析的意义

染色体是生物遗传物质 DNA 的主要载体，每个物种的染色体都有特定的形态、结构和数目，具有精确自我复制的能力，染色体的数目、大小和形态发生变异均会导致性状的改变。因此，染色体核型分析是研究植物分类、物种进化、远缘杂种鉴定与种间亲缘关系等问题的重要手段。

二、植物染色体制片技术及方法

1. 压片法

此法是在制片过程中，通过对材料外加机械压力，使观察材料染色体分散的一种制片技术。这种方法操作简单，制作快速，节省材料，并且能使细胞内的染色体完整地保存下来，效果较好。

2. 去壁低渗火焰干燥法

此法是通过添加酶使植物细胞壁分解，产生渗透势，细胞膜吸水膨胀，再经过火焰干燥及水表面张力，最终使染色体自行展开。这种方法操作稍繁琐，制片过程中需要加入酶制剂。

3. 石蜡切片法

此法是将材料固定、脱水、透明、浸蜡及包埋后，再进行切片、粘片、溶蜡和染色观察的一种制片技术。这种方法的优势在于可以将材料切成极薄且连续的切片，是显微技术上最重要且常用的方法。

三、植物染色体核型分析内容与方法

1. 染色体的数目

由于难以保证减数分裂二价体的准确性，一般染色体数目以体细胞中的为准，只有苔藓和蕨类因材料所限而用减数分裂细胞计数。统计的细胞数目应在 30 个以上，其中有恒定一致的染色体数目的细胞占全部统计细胞的 85% 以上，才可认为观察统计到的染色体数目是该植物种染色体数目。如果观察材料是混倍体，观察时应逐一记录各个细胞的染色体数目，统计其染色体数目变异范围及各类细胞的数目和占比。

2. 染色体的形态

进行核型分析时，一般以体细胞分裂中期的染色体作为基本形态，如果减数分裂粗线期的染色体分散良好，着丝粒清晰，也可以用作核型分析的形态观察。核型分析中对染色体形态进行分析时，要求至少以 5 个细胞为准，同时要求获取高质量的染色体图像，以能够保证核型分析的准确性。

（1）染色体长度

$$染色体绝对长度（实际长度）= 放大的染色体长度 / 放大倍数$$

染色体绝对长度单位均以微米（μm）表示，一般先在放大的染色体照片或图像上进行直接测量，然后换算成 μm。在实验过程中，即使是同一物种，不同预处理条件、染色体缩短的程度不同，都可能导致测量的绝对长度存在差异。因此，绝对长度值在大多情况下不是一个可靠的比较数值，只在一些特殊情况下才有相对比较价值。

$$染色体相对长度（\%）= 染色体绝对长度 / 染色体组总长度$$

染色体相对长度系数 = 染色体长度 / 全组染色体平均长度。短染色体（S）的相对长度系数 < 0.76；中短染色体（M1）的相对长度系数为 ≥0.76 ~ < 1.00；中长染色体（M2）的相对长度系数为 ≥1.00 ~ < 1.25；长染色体（L）的相对长度系数 ≥1.25。

染色体长度比是最长染色体与最短染色体长度之比。染色体长度比在 Stebbins

（1971）的核型分类系统中，是衡量核型对称与否的两个主要指标之一。

（2）臂比 臂比是染色体长臂与短臂长度之比，核型分析时臂比要列入核型分析表中。

（3）着丝粒位置 计算染色体臂比，保留两位小数，同时按照着丝点的位置，参照染色体分类示意图（图1-2）和染色体命名参照标准（表1-2）将染色体进行分类，并计入核型分析表中。

图 1-2 染色体分类示意图

A. 端部着丝粒染色体；B. 近端着丝粒染色体；C. 近中着丝粒染色体；D. 中部着丝粒染色体

表 1-2 根据臂比进行染色体命名标准参照

臂比	着丝点位置	染色体命名	简记符号
1.0 ~ ≤1.70	中部着丝区	中部着丝粒染色体	m
>1.70 ~ ≤3.00	近中部着丝区	近中着丝粒染色体	sm
>3.00 ~ ≤7.00	近端部着丝区	近端着丝粒染色体	st
7 以上	端部着丝区	端部着丝粒染色体	t

3. 核型的表述格式

包括基本的核型计算数据、染色体排序编号、模式显微照片、核型图、核型模式图、核型公式和核型分类7个内容。

（1）核型计算数据表 核型分析中需取各项全部测量值的平均数，格式和内容参照表1-3。

表 1-3 染色体相对长度、臂比和类型数据表

序号	短臂长度 /μm	长臂长度 /μm	全长 /μm	臂比	类型
1	9.934	10.099	20.033	1.017	m
2	6.954	8.278	15.232	1.188	m
⋮					
n					

表中，染色体序号用阿拉伯数字表示，染色体全长、短臂长度、长臂长度和臂比均取小数点后两位，第三位数四舍五入。

染色体绝对长度、变异范围、长度比不列入表格，需在表下单列说明。

染色体全长一般不包括随体的长度，有随体或次缢痕的染色体应在列表时单独标出，一般用"*"在该染色体序号上标记。

（2）染色体排序编号　根据染色体的形态大小对染色体进行同源配对，然后以染色体全长为依据，将每对染色体由长到短按顺序进行编号。

如果有两对染色体全长相同，则按短臂更长的染色体在前排序。性染色体和有特殊标记（如具有随体）的染色体全部排在最后或单独列出。二型核型植物，如中国水仙、芦荟等，长染色体群按 L1、L2…进行编号排列，短染色体群按 S1、S2…进行编号排列。异源多倍体植物需要根据其亲本的染色体组分别排列，如普通小麦按 A、B、C 分别编号排列。如果核型中有差异明显且表现恒定的杂合染色体对时，要分别测量每个成员的长度和臂比等，分别列于表中，编号时可以按其中任何一个成员的长度编号，并附加说明。

（3）模式显微照片　染色体观察完毕，每种材料选择一张最有代表性的中期染色体照片进行冲洗或打印，并应标注一个以微米为单位的比例尺，便于目测。

（4）核型图　将冲洗的核型模式照片中同一细胞全部染色体剪下，以染色体形态、长度和臂比为依据，进行同源染色体配对，然后按编号顺序，将各对同源染色体依次排列粘贴。

（5）核型模式图　以各染色体的相对长度均值为依据在直角坐标系中绘图，横坐标为染色体序号，纵坐标为染色体相对长度（%），值得注意的是纵坐标的"0"刻度线位于纵坐标轴中上部，绘图时每条染色体的着丝粒位置统一与纵坐标"0"刻度线对齐，如图 1-3 所示。

（6）核型公式　综合核型分析的结果，将核型的主要特征以公式形式表示，这样简明扼要、便于记忆和比较。如牛角椒 $2n = 24 = 20m + 2sm + 2st$。

（7）核型分类　为了区分核型的对称程度，可以根据核型中染色体长度和臂比特征，将其分成 12 种类型（表 1-4）。在 12 种染色体核型的类型中，1A 为最对称型，4C 为最不对称型。

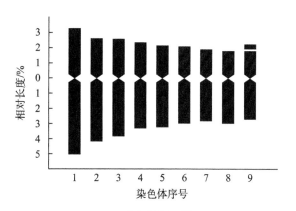

图 1-3　染色体核型模式图

表 1–4 染色体核型的对称性分类表

染色体长度比	臂比 > 2 的染色体的比例			
	0	1% ~ 50%	51% ~ 99%	100%
< 2 : 1	1A	2A	3A	4A
≥ 2 : 1 ~ ≤ 4 : 1	1B	2B	3B	4B
> 4 : 1	1C	2C	3C	4C

注：染色体长度比 = 最长染色体长度 / 最短染色体长度。

实验内容

【实验目的】

1. 掌握植物染色体的制片技术、显微拍照技术及植物染色体核型分析技术。

2. 对实验材料进行组型分析，获得该物种染色体核型公式、类型、核型图及核型模式图。

【实验材料】

洋葱（*Aillum cepa*）根尖。

【实验器具与试剂】

显微镜、培养箱、恒温水浴锅、镊子、解剖针、刀片、照相机、打印机、载玻片、盖玻片、不锈钢剪刀、磨口三角瓶、试剂瓶、烧杯、放大镜、游标卡尺、滤纸、玻片标签纸、1 mol/L HCl 溶液、卡诺固定液、改良苯酚品红染色液、2 g/L 秋水仙碱、二氯苯饱和水溶液等。

卡诺固定液：将无水乙醇、三氯甲烷、无水乙酸按照 6 : 3 : 1 的体积比均匀混合，或将无水乙醇和无水乙酸按照 3 : 1 的体积比均匀混合。

改良苯酚品红染色液：取 50 mL 苯酚品红染液，加入 950 mL 的 45% 无水乙酸和 18 g 山梨醇，混匀即可。此溶液配制后放置 2 周后使用。

2 g/L 秋水仙碱：0.2 ~ 0.4 g 秋水仙碱，溶于 100 mL 水。

二氯苯饱和水溶液：5 g 对二氯苯结晶溶于 100 mL 40 ~ 45 ℃的蒸馏水中，摇匀 5 min，静置 1 h，取上清液即可。此溶液需现用现配。

【实验步骤】

1. 染色体制片与观察

（1）取材 去除洋葱根部阻碍生根的老皮、老根等，将洋葱根部浸泡于蒸馏水中使其生根。待根长至约 1 cm 剪下约 0.5 cm 根尖。

（2）预处理 将根尖组织放入 2 g/L 秋水仙碱溶液或对二氯苯饱和水溶液中，在 10 ~ 20℃条件下预处理 1 ~ 2 h（可选择）。

（3）固定 预处理完成后的根尖组织先用蒸馏水清洗 1 ~ 2 次，然后转入卡诺固定液中固定 2 ~ 24 h，一般固定时间不得超过 24 h。

（4）解离 将固定后的根尖分装到小烧杯内，用蒸馏水漂洗，再加入 1 mol/L HCl 溶液，在 60℃下水解 8 ~ 20 min。

（5）漂洗 根尖解离后用蒸馏水漂洗 3 ~ 4 次捞出，然后用吸管和滤纸吸干表面水分。漂洗时间和次数一定要足够，否则会影响染色效果，甚至导致染不上色。

（6）染色与压片 将解离漂洗后的根尖放在小培养皿或直接放在载玻片上，滴加适量的改良苯酚品红染色液染色 10 min 左右。盖上盖玻片，用镊子的尾部在根尖部位均匀用力按压，使根尖组织充分分散。

（7）观察与拍照 将制好的标本片置于显微镜下，先作低倍观察，再切换至高倍视野。观察 30 个细胞，以 85% 以上细胞的染色体数恒定为标准，记录染色体数量。把染色体数目齐全、分散度高、重叠度低的 5 个以上细胞染色体的图像进行拍照，用于核型分析。

2. 核型分析

（1）照片冲印或打印 将获得照片按一定比例放大冲印或打印。

（2）测量 把放大的照片中的染色体随机编号，然后用直尺或游标卡尺分别测量各染色体的总长和两臂长度（着丝粒长度一分为二，分别计入两臂）。注意将随体的有无和具有随体的染色体单独标出，且随体和次缢痕长度不计入染色体长度内。

（3）计算 据实际测量结果对染色体相对长度、臂比进行计算，根据臂比确定染色体类型。将测量和计算结果填入染色体测量记录表（表 1-5）。

（4）配对 根据测量结果和染色体的形态特征对染色体进行同源配对，然后以染色体全长为依据，将每对染色体由长到短按顺序进行编号。

（5）排列 按长度从长到短排列；特殊的染色体排在最后。

表 1-5　染色体测量记录表

染色体号		照相长度 /mm			绝对长度 / μm			相对长度			臂比	随体	染色体类型	其他
暂编号	正式号	长臂	短臂	全长	长臂	短臂	全长	长臂	短臂	全长				

（6）剪贴 将染色体按编号仔细剪下，短臂在上，长臂在下，按编号顺序从长到短排列，如果有两对染色体全长相同，则按短臂更长的染色体在前排列，粘贴时将着丝粒放置于一条水平线上，用胶水贴好固定（图 1-4）。

图 1-4　核型图粘贴示意图

（7）绘制洋葱染色体核型模式图（参照图1-3）。

（8）编写核型公式。

【实验结果及分析】

根据实验观察和测量结果，确定所观察洋葱的倍性、染色体数目，测量计算染色体的相对长度、臂比、染色体长度比、不对称系数等，确定核型组成、核型公式、核型分类等。

【作业】

1. 根据实验结果完成染色体测量记录表的填写。
2. 完成一张染色体核型粘贴图，并且绘制一张染色体核型模式图。
3. 根据实验结果编写洋葱染色体核型公式，写明染色体类型。
4. 进行染色体核型分析有哪些意义？
5. 着丝粒在染色体核型分析中有哪些重要意义？如何判断着丝粒的位置？

【常见问题分析】

对同一种植物材料进行核型分析，不同实验者之间得到的核型公式有差别。分析其原因：可能是没有按核型分析实验要求去观察多个细胞，并且测量计算时没有取平均值。还可能是由于实验处理过程中，每个人的操作差异造成材料染色体的收缩程度等有所不同，进一步影响了后续观察测量结果。

【参考文献】

1. 李懋学，张敩方. 植物染色体研究技术［M］. 哈尔滨：东北林业大学出版社，1991.

2. 杨锐，杨婷，耿广东，等. 三种黑麦种质的染色体FISH核型分析［J］. 分子植物育种，2020，18（16）：5453-5458.

3. 余潇，辛培尧，尹亚梅，等. 千果榄仁及小叶榄仁核型分析［J］. 福建林业科技，2019，46（3）：46-50.

4. 赵凤娟，姚志刚. 遗传学实验［M］. 2版. 北京：化学工业出版社，2016.

5. 赵绍文. 林木繁育实验技术［M］. 北京：中国林业出版社，2005.

6. LEVAN A，FREDGA K，SANDBERG A A. Nomenclature for centromeric position on chromosomes［J］. Hereditas，1964，52（2）：201-220.

实验二

植物根尖细胞有丝分裂过程的制片与观察

基础知识

一、有丝分裂

1. 植物细胞有丝分裂

细胞分裂是个体生长、发育和繁殖的基础。细胞分裂分为两个主要阶段：DNA 复制阶段与细胞分裂成两个细胞的阶段。细胞分裂过程的不断重复就是细胞周期。植物细胞的分裂方式通常有 3 种：有丝分裂、无丝分裂和减数分裂。

植物根尖、茎尖等部位的有丝分裂较为旺盛，有利于观察有丝分裂不同时期的染色体形态。由于植物根尖在有丝分裂观察中受到的影响因素较少，大多数植物的有丝分裂均以植物根尖为材料进行制片观察。植物根尖可根据形态特征分为四部分：成熟区、伸长区、分生区和根冠（图 2-1），其中成熟区内细胞已经停止分裂，伸长区内仅有少许细胞分裂，而分生区是根尖中细胞分裂最旺盛的区域，是观察细胞有丝分裂最理想的区域。

2. 植物细胞有丝分裂的过程

有丝分裂是植物细胞繁殖中最普遍、最常见的方式。植物细胞通过有丝分裂将遗传物质传递到子代细胞，从而促使植物进行正常的生长发育。有丝分裂通常是指

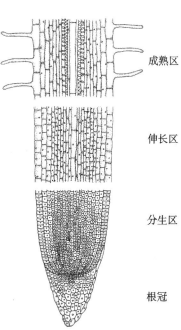

成熟区

伸长区

分生区

根冠

图 2-1　植物根尖纵切图解
（引自廖文波等，2020）

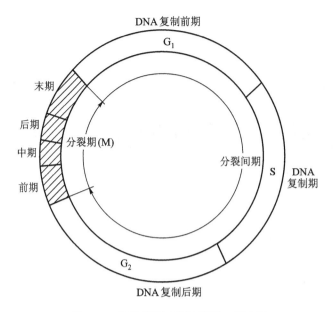

图 2-2　细胞周期（引自强胜，2017）

完整的细胞分裂，包括核分裂和细胞质分裂两部分，分为 4 个时期，也称为细胞周期（图 2-2）。

（1）G_1 期　复制前期，为细胞 DNA 复制做准备。

（2）S 期　DNA 复制期，此时 DNA 开始复制。

（3）G_2 期　是 DNA 复制后期有丝分裂前一个短暂的时期，与 G_1 期、S 期统称为分裂间期。

（4）M 期　又称为有丝分裂期，进一步又可分为前期、中期、后期和末期（图 2-3）。

① 前期　细胞核内染色体呈现细长卷曲状，然后逐渐浓缩变粗。每条染色体包含两个染色单体，它们结合在同一个着丝点上；前期结束前，核膜和核仁开始消失，释放的核仁蛋白质黏附到浓缩的染色质表面，开始进入分裂中期。

② 中期　核仁和核膜都消失，细胞的两极发出纺锤丝，结合在染色体的着丝粒上，受纺锤丝的牵引，染色体整齐排列在赤道板上。中期是观察染色体数目和形态的最佳时期。

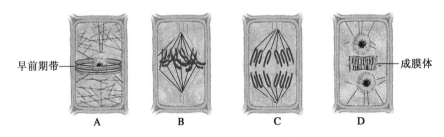

图 2-3　细胞有丝分裂期（引自强胜，2017）

A. 前期，示早前期带；B. 中期；C. 后期；D. 末期，示成膜体

③ 后期　着丝点分裂，两条染色单体由于纺锤丝的收缩而被牵引移向细胞两极。

④ 末期　当染色单体到达细胞两极时，染色体解螺旋变成松散的染色质，核膜开始形成。在细胞赤道板上形成细胞壁。

二、植物染色体制片技术

植物染色体的观察是基于分裂时期植物染色体可被染色的原理：染色体由 DNA 和组蛋白构成，组蛋白中约 25% 的氨基酸为碱性氨基酸（包括精氨酸、赖氨酸和组氨酸）。在植物细胞质中，这些碱性蛋白的表面携带大量负电荷，因此在遇到携带正电荷的助色基团染料（碱性染料）时可以被染色。因此，一般通过碱性染料对染色体进行染色后制片观察染色体，主要方法有压片法、去壁低渗火焰干燥法和石蜡切片法。

本实验采用压片法。压片法是用一定浓度的盐酸在一定温度下，对有分生组织的植物茎尖、根尖、幼叶等进行处理，促使染色体 DNA 中的醛基释放后与碱性染料相互作用，使染色体着色。常用的染料是碱性品红，也可用吉姆萨（Giemsa）染色剂、醋酸洋红或结晶紫处理。制片时通常将材料放入 1 mol/L HCl 中，60℃处理 10~20 min。也可用 1 mol/L HCl、95% 乙醇混合液（体积比 1∶1）在室温处理 10 min 以内。水解程度以被处理样品以一压即散为宜，处理时间过短或过长都会导致染色效果不佳。不同材料的染色时间不一，其中吉姆萨染色效果相对稳定。

三、植物染色体常用染色方法

植物染色体常用染色方法包括洋红及醋酸洋红染色法、铁矾－苏木精染色法、碱性品红与孚尔根染色压片法、石碳酸品红染色压片法。本实验主要介绍洋红及醋酸洋红染色法。洋红为非结晶性的紫褐色物质，是从胭脂虫雌虫中直接提取的一种染料。其在中性溶液中溶解度较小，在酸性或碱性溶液中溶解度较大，能将染色体染成红色。

（1）染色液的配制　在 200 mL 锥形瓶中倒入 100 mL 的 45% 乙酸，并加热煮沸，然后缓慢倒入 1 g 粉末状的洋红，不断搅动直至溶解。操作中应注意防止溅沸。然后再次加热煮沸 1~2 min，加入 50% 氢氧化铁乙酸饱和液 1~2 滴（切勿多加，避免产生沉淀）。铁是媒染物，含微量铁离子可显著增加洋红的染色效果。配制完成后室温下静置 12 h 后过滤，避光贮存备用。

（2）染色与压片　取解离后并用蒸馏水洗净的材料置于载玻片上，加一小滴染色液，用压片法压片。如果染色效果不佳，可将载玻片来回地在酒精灯上烘，切勿使染色液沸腾产生气泡。该步骤可以破坏细胞质，使染色体与背景的反差更加明显，有助于染色体的观察。

实验内容

【实验目的】

通过对植物染色体制片步骤的学习，掌握植物制片技术；通过对植物根尖细胞永久及临时制片的观察，掌握有丝分裂过程中染色体的形态特征和变化过程。

【实验材料】

洋葱（*Allium cepa*）根尖。

【实验器具与试剂】

光学显微镜、镊子、载玻片、盖玻片、解剖针、吸水纸、刀片、香柏油等；卡诺固定液、1 mol/L HCl、改良苯酚品红染色液、对二氯苯饱和水溶液（配制方法见实验一）。

【实验步骤】

1. 取材

采用水培法获取生长长度 3 cm 以上的洋葱根尖（水培过程中经常更换新鲜的水），于有丝分裂旺盛时期（上午 9—10 点）取长 1 ~ 1.5 cm 的根尖组织。

2. 预处理

使用对二氯苯饱和水溶液对根尖材料在室温下预处理 4 h。

3. 固定

使用蒸馏水冲洗预处理后的根尖材料 3 ~ 4 次，然后加入卡诺固定液，固定 24 h 及以上。该步骤目的是将细胞迅速杀死，使蛋白质变性，从而将细胞保持在当前的分裂状态，同时使染色体更易于着色。

4. 解离

将固定后的根尖材料放入盛有蒸馏水的小烧杯内漂洗，然后加入 1 mol/L HCl 溶液，于 60℃下水解 5 min（3 mol/L HCl 解离 1 min），当根尖分生组织发白而伸长区呈半透明时表明解离程度适宜。该步骤目的是分解细胞间的果胶质层，使细胞壁软化，易于压片。解离时间因植物材料而异。

5. 染色制片

解离后的根尖用蒸馏水漂洗 3 ~ 4 次，用吸管吸干水。漂洗时间和次数一定要足够，否则影响染色效果或染不上色，然后将漂洗后的根尖放到载玻片上，用镊子压散，加 1 滴改良苯酚品红染色液染色 1 min 后盖上盖玻片，用镊子在材料处轻压几下，使生长区的细胞分散开来，再在盖玻片上覆盖一层吸水纸，用拇指适当下压，用解剖针（或竹签）敲击根尖部位，重复几次，使材料分散成薄薄的一层（力度以盖玻片不破裂为准）。

6. 镜检

先在低倍镜下确定细胞分布视野，逐渐切换至高倍镜，当至 100 倍镜时在盖玻片上滴上 1 滴香柏油提高折光率，明亮视野，然后进一步观察处于分裂期的细胞。

【作业】

1. 绘制所看到的细胞分裂图像并注明细胞处于哪个分裂时期。

2. 分析植物细胞有丝分裂过程中染色体及 DNA 数目的变化。

【思考题】

分析本实验中哪些步骤是有助于染色体更好得分散？

【常见问题分析】

1. 预处理时温度不能过高，否则易导致变性，以 10～15℃为宜。

2. 解离时间因植物材料和解离液的不同而异。时间过短，细胞不易压散；时间过长，细胞易被压破从而影响染色效果。

3. 压片时注意不要再移动盖玻片，避免造成更多细胞重叠。

【参考文献】

1. 李正理 . 植物制片技术［M］. 北京：科学出版社，1978.

2. 里斯，琼斯 . 染色体遗传学［M］. 张勋令，译 . 北京：科学出版社，1983.

3. 林兆平，王正询，洪亮亮 . 染色体制片技术［J］. 植物杂志，1982（3）：9.

4. 杨旭，代西梅 . 简易压片法观察水稻有丝分裂和减数分裂行为［J］. 安徽农业科学，2009，37（14）：6325-6327.

5. 廖文波，刘蔚秋，冯虎元，等 . 植物学［M］. 3 版 . 北京：高等教育出版社，2020.

6. 强胜 . 植物学［M］. 2 版 . 北京：高等教育出版社，2017.

7. JANICE F. Plant Structure Bi. Biology junction［EB/OL］. https://www.biologyjunction.com/plant_structure_bi.htm，2017-4-21.

实验三

细胞减数分裂过程的制片与观察

基础知识

一、减数分裂的概念与过程

减数分裂是发生在植物有性生殖时参与生殖细胞或性细胞形成的一种特殊的有丝分裂。由于减数分裂形成的子细胞，其染色体数目与母细胞相比减少了一半，因此称为减数分裂。

减数分裂的整个过程包括连续的两次细胞分裂：第一次分裂时染色体数目减少一半；第二次分裂为染色体数目的等数分裂。根据染色体变化的特点将两次分裂分为前期、中期、后期、末期 4 个时期。由于减数第一次分裂经历的时间长，染色体发生了较复杂的变化，因此又将减数第一次分裂的前期分为 5 个时期。在减数分裂的整个过程中，同源染色体之间发生联会、交换和分离，非同源染色体之间自由组合。最终一个母细胞分裂为染色体数目减半的四个子细胞，进一步发育为雌性或雄性配子（n）。雌、雄配子经受精作用结合成为合子，进而发育为新的植物个体，这样染色体数目又重新恢复到原有的数目（$2n$）。减数分裂各时期染色体变化的特征简述如下：

1. 减数第一次分裂

（1）前期 I　此时期根据染色体形态的变化，可分为以下 5 个时期。

① 细线期　细胞核内染色体开始初步螺旋呈细长线状，彼此互相缠绕，难以辨别成对的染色体。

② 偶线期　同源染色体联会形成二价体，彼此相互纵向靠拢配对。联会现象在偶线期的时间很短，不易观察。

③ 粗线期　染色体配对后逐渐缩短变粗，由于配对的一对同源染色体中有 4 条染色单体，称为四分体。在此期间各同源染色体的非姐妹染色单体间可能发生交换。

④ 双线期　各对同源染色体开始分开，因非姐妹染色单体之间在粗线期发生了交换，在双线期可清楚地观察到交叉现象。

⑤ 终变期　染色体更为缩短变粗，交叉点向二价体的两端移动，核仁

和核膜开始消失。四分体均匀分散在核内，是染色体计数的最佳时期。

（2）中期Ⅰ　核仁和核膜消失，所有四分体排列在赤道板两侧，细胞中出现纺锤体，染色单体的着丝粒分别趋向纺锤体的两极，此时也是染色体计数和形态特征观察的最佳时期。

（3）后期Ⅰ　各对同源染色体在纺锤丝的作用下分别向两极移动，由于每极只含有一半的染色体，这样就实现了染色体数目的减半。在此期间，同源染色体彼此分离，非同源染色体间以同等机会自由组合，分别移向两极。此时染色体的着丝粒尚未分离，每条染色体仍然含有两条染色单体。

（4）末期Ⅰ　染色体移到两极，解施形成染色后，核仁、核膜重现，形成两个子核，细胞质分裂形成两个子细胞。

2. 减数第二次分裂

（1）前期Ⅱ　染色体又开始明显缩短变粗，每条染色体的两条姐妹染色单体分得很开，但着丝粒仍然没有分裂。

（2）中期Ⅱ　染色体整齐地排列在赤道板上，出现纺锤体。

（3）后期Ⅱ　着丝粒一分为二，两条姐妹染色单体在纺锤体的牵引下分别移向两极。

（4）末期Ⅱ　染色体移动到两极后，核仁、核膜重现，同时细胞质一分为二，这样一个母细胞最终分裂为 4 个子细胞，每个子细胞内只含有原来母细胞半数的染色体（n）。

减数分裂中染色体的行为变化与生物的遗传变异密切相关。染色体是遗传物质的载体，因此染色体在减数分裂中的行为对遗传物质的分配和重组具有重大影响。高等植物的性母细胞在形成雌雄配子过程中必须通过减数分裂。

二、减数分裂的意义

减数分裂是配子形成过程中的必要阶段。在此过程中发生了染色体数目的减半、二价体随机取向、非姐妹染色单体之间的交换和自由组合，因此减数分裂对生物的遗传和变异具有重要意义。

减数分裂时核内染色体只复制一次，而细胞连续分裂两次，同时形成染色体数目减半的 4 个子细胞（n）。在有性生殖过程中，雌、雄性细胞受精结合为合子，使染色体数目又恢复为原来的数量（$2n$），为后代正常发育和性状遗传提供物质基础，同时也保证了亲代与子代之间染色体数目的恒定性，维持了物种的稳定性。

在减数分裂中期Ⅰ，各对同源染色体随机地排布于赤道板两侧，因而非同源染色体间均可自由组合。若细胞内含有 n 对染色体，就可能有 2^n 种自由组合方式。例如拟南芥 $n=5$，各个子细胞内的染色体可能组合类型数将是 $2^5=32$，这说明子细胞间可能出现各种各样的组合，从而表现出不同的遗传差异；同源染色体的非姐妹染色单体之间在粗线期可能出现各种方式的交换，这也增加了遗传的复杂性。因而减数分裂为生物的变异提供了重要的物质来源。

有性生殖生物的个体发育过程以受精卵为起点，减数分裂产生的配子若结合另一半不同基因，可能会产生新的物种，因而减数分裂对新物种产生和进化也具有重要意义。例如，芸薹属的甘蓝（$2n = 18$）和黑芥（$2n = 16$）都属于二倍体。它们的同属种埃塞俄比亚芥（$2n = 34$）就是由甘蓝和黑芥经减数分裂产生的配子相互结合并通过自然加倍而形成的。

三、植物花粉因细胞减数分裂过程的制片技术

（一）植物减数分裂切片技术的应用

减数分裂切片观察是探究植物不育现象的重要技术之一，植物不育的原因十分复杂。植物性母细胞进行减数分裂时，染色体行为异常是导致不育的重要原因之一，通过染色体切片观察可以很容易地发现染色体在减数分裂过程中是否有异。例如，'正午'牡丹是一个亚组间杂交品种，通常高度不育，但仍被用作亲本培育出一些优异的杂交后代，表现出一定的育性。对'正午'牡丹花粉母细胞的减数分裂进行观察，确定其为二倍体，理论上其花粉母细胞是可通过正常的减数分裂形成小孢子，但观察中发现两次减数分裂中均有 70% 的染色体行为发生异常，因此推测减数分裂中染色体行为异常可能是导致'正午'牡丹高度不育的重要原因。同样地，兰州百合在有性繁殖和亲和杂交中结实率均不高，通过观察兰州百合小孢子形成过程中染色体的行为，发现其减数分裂过程中存在不等二价体、同源染色体早分离、不均等分离、核外染色体、微核等多种异常的染色体行为。结合人工花粉萌发实验，证明了兰州百合小孢子母细胞减数分裂异常是导致花粉败育的主要原因。

多倍体减数分裂时染色体往往不能像二倍体进行正常地配对、联会、分离等，因此应用减数分裂切片观察多倍体的染色体行为具有重要意义。通过观察四倍体龙须草花粉母细胞减数分裂过程中染色体的行为，发现减数分裂中期 I 有 34.3% 的染色体未进行配对，后期 I 中 32.4% 的染色体有落后行为，末期 II 时 20% 的子细胞具有明显的微核。

（二）涂片法

涂片法是将生物体中疏松的组织均匀地涂布在载玻片上的一种制片方法，制片过程包括：取材、固定、染色与涂片等步骤。

1. 取材

制作花粉母细胞减数分裂全过程的玻片标本时，必须采集幼嫩的呈绿色的花药（浅绿色而透明者太嫩，黄绿色或黄色者则过老）。材料采集时要注意观察不同植物的花期，适时采集。例如，抽穗前 1~2 周的大喇叭口期是玉米雄穗取材的绝佳时期，此时玉米的花粉母细胞正处于减数分裂期。用手从喇叭口处向下捏叶鞘，若有松软的感觉即为雄花序。花序顶端的花药长至 3~5 mm，且在尚未变黄时进行取材。由于植物减数分裂也有昼夜节律性，所以一般在清晨 6—7 时和下午 4—5 时取材。

2. 固定

一般说来，小型花朵采集后，可将小花甚至整个花序固定于卡诺固定液中，大型花朵可以只固定雄蕊的花药，经过 2~24 h 后，逐级换入 95% 乙醇（体积百分数，后同）和 85% 乙醇浸洗，再转入 70% 乙醇中保存。

3. 染色与涂片

将已经固定好的材料取出，转入 50% 乙醇溶液中，再经蒸馏水清洗后，用镊子夹取一个花药放在洁净的载玻片上，在上面滴加 1 滴改良苯酚品红染色液。然后用小刀切掉花药一端，用小镊子夹着花药的另一端，将切面放在载玻片上轻轻涂抹。涂抹完成后在上面滴加 1 滴 45% 乙酸溶液进行软化与分色。盖上盖玻片，用大拇指指腹轻压盖玻片，使花粉母细胞均匀散开，即可观察。

4. 永久封片的制作

选择染色清晰而分散又好的涂片标本，放入干净处或加盖的大培养皿中 4~6 h 后，再用下列方法制成永久封片：准备 5 套（按①~⑤进行编号）培养皿（直径约 12 cm），每套培养皿中放一根短玻璃棒，按序号顺序依次在各培养皿中倒入 50% 乙醇（①号）、95% 乙醇（②号）、无水乙醇（③）、无水乙醇 – 叔丁醇（1∶1）（④）、叔丁醇（⑤）。将制作的临时切片沿盖玻片朝下放入①号培养皿中，切片一端搭在玻璃棒上，使盖玻片自然脱落。然后将粘有植物材料的盖玻片或载玻片依次移入②~⑤号培养皿中，在每个培养皿中停留 2~3 min，顺序脱水、透明，最后用滤纸吸去玻片上多余的叔丁醇，滴加加拿大树胶进行封片。

实验内容

【实验目的】

1. 掌握植物性母细胞切片标本的制作方法和技术。
2. 通过对减数分裂过程进行观察，对减数分裂各特征时期进行绘图，熟悉染色体显微观察的方法步骤，熟悉减数分裂各时期的特征及染色体的形态、数目变化。
3. 了解植物生殖细胞的形成过程。

【实验材料】

橡胶树（*Hevea brasiliensis*，$2n = 36$）雄花。

【实验器具与试剂】

光学显微镜、解剖针、镊子、剪刀、手术刀片、载玻片、盖玻片、吸水纸、烧杯、卡诺固定液、70% 乙醇和改良苯酚品红染色液等。

【实验步骤】

1. 取材

当橡胶树花序所在叶蓬处于变色期（由古铜色变为淡绿色），花序中的花全部呈深绿色，大部分雄花已饱满，能剥出雄蕊群，此时进行取材较为合适。取下橡胶树花序中的 3~4 朵雄花放入卡诺固定液中固定 4~24 h。固定完成后，取出雄花用 70% 乙醇清洗2 次，然后保存在 70% 乙醇中备用。

2. 压片

从 70% 乙醇中取出一朵雄花，剥下花药直接放于载玻片上，然后用胶头滴管在花药上滴加一滴改良苯酚品红染色液，染色 3~5 min，用解剖针将花药切割成小段，用解剖针针头挤压，尽量将花粉母细胞从花粉囊中全部挤出，去除花药壁碎片，盖上盖玻片用拇指轻轻按压，使花粉母细胞均匀分散，然后在显微境下进行观察。

3. 减数分裂时期的观察

观察时先用低倍镜找到花粉母细胞，一般细胞体积较大、细胞核大、着色较浅的圆形或扁圆形细胞即为花粉母细胞，而体积较小、排列整齐、着色较深的细胞为花药壁细胞。找到花粉母细胞后观察其是否有分裂相，如果没有继续寻找下一个细胞，如果有将物镜切换到高倍镜下，观察减数分裂各时期中染色体的行为和特征。

【实验结果及分析】

根据切片观察结果，确定橡胶树花粉母细胞减数分裂的各个时期，描述各个时期染色体的特征，并绘制各时期简图。

【作业】

1. 制作一张较好的橡胶树花粉母细胞减数分裂切片。

2. 绘出下列各时期的简图（如图 3-1）：终变期、中期 Ⅰ、后期 Ⅰ、中期 Ⅱ、后期 Ⅱ 和四分孢子。

3. 联系有丝分裂实验，说明高等植物的染色体周史以及染色体的恒定性、特异性和连续性。

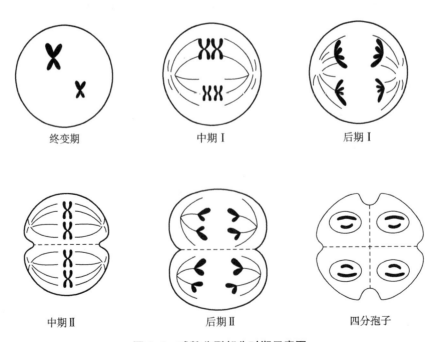

图 3-1　减数分裂部分时期示意图

4. 减数分裂与有丝分裂有何区别？亲代与子代之间的差异是由哪一种分裂造成的？为什么？

【常见问题分析】

1. 减数分裂观察实验中取材的时间是否合适是实验成功的关键步骤之一，取材过早减数分裂尚未开始，过晚减数分裂已经完成，都无法观察到减数分裂的过程，因此必须观察实验材料的发育特征，适时取材。

2. 不同部位的花粉粒的成熟程度有差异，取材时注意避免选取相同部位的材料，以便观察到更多的分裂相。

【参考文献】

1. 胡雪娇，骆婷，徐作英，等.减数分裂观察实验的研究综述及教学建议［J］.中学生物学，2018，34（1）：37–40.

2. 李雪，陈丽梅，杜捷，等.兰州百合小孢子母细胞减数分裂异常现象的观察［J］.西北植物学报，2003（10）：1 796–17 99.

3. 刘传虎，张秋平，姚家玲，等.龙须草核型分析和花粉母细胞减数分裂的细胞学研究［J］.中国农业科学，2007，40（1）：27–33.

4. 刘庆昌.遗传学［M］.4版.北京：科学出版社，2021.

5. 姚发兴.植物学实验［M］.武汉：华中科技大学出版社，2011.

6. 叶平，陈蕊.吊兰减数分裂观察［J］.生物学教学，2019，44（3）：35–36.

7. 赵慧，莫家光，华慧，等.柳杉花粉母细胞减数分裂进程及异常行为.南京林业大学（自然科学版），2019，43（3）：45–50.

8. 赵凤娟，姚志刚.遗传学实验［M］.2版.北京：化学工业出版社，2016.

9. 赵淑娟.巴西橡胶小孢子母细胞减数分裂行为的初步观察［J］.云南热作科技，1983（4）：16–18.

10. 钟原，杜明杰，刘羽心，等.'正午'牡丹核型分析及减数分裂的染色体行为观察［J］.北京林业大学学报，2019，41（10）：68–73.

实验四

植物开花习性观察

基础知识

高等植物通过开花开启生殖生长的序幕。在农林生产中，植物的开花决定着植物生育周期的长短，并直接关系到经济作物的产量及品质；在植物育种研究中，植物的开花关系到杂交等育种技术进行的时间和方式；此外，植物开花还具有观赏价值。因此了解植物的花部形态结构、开花习性以及传粉方式等特点，能够帮助我们确定适宜的花粉采集时期、授粉时期以及采取适宜的杂交方式等，从而顺利推进育种研究和取得更大的经济效益。

一、植物开花的过程

植物开花过程主要包括：成花诱导、花芽分化、花发育。

1. 成花诱导

高等植物经过一段时间的营养生长到达成熟期，在内在因素和环境因素的诱导下其茎端分生组织分化发育形成花芽，这种诱导作用称为成花诱导。在这个阶段植物茎端分生组织在表观形态上没有明显变化，但在生理生化和基因表达等方面发生了显著的改变。

目前研究发现诱导和决定植物开花的主要因素可归纳为植物自身发育因素和环境因素。有些植物在自主调控的作用下，其成花受植物自身发育年龄等内在因素的调控不依赖于特殊的环境因素；而有些植物需要一定的环境因素的诱导才能成花；还有一些植物在适合的环境条件诱导下能促进开花，但在缺乏环境诱导的条件下也能开花。

2. 花芽分化

在成花诱导后，植物的茎顶端分生组织转变成了花序分生组织，之后进一步分化产生花分生组织，最后分化形成花芽。在花芽发育早期，花分生组织通常按照由外向内的分化顺序分化形成不同的花器官原基，即萼片原基、花瓣原基、雄蕊原基和雌蕊原基，这些原基分别发育成相应的花器官。

3. 花发育

当雄蕊和（或）雌蕊发育成熟时，花被由于不平衡生长而展开，露出雄蕊和雌蕊，这种现象称为开花。开花时，大部分异花授粉植物的花被展开，雄蕊和雌蕊露出。此时雄蕊花丝分散挺立，花药成熟开裂并散粉；不同植物的雌蕊展现出不同的形态，若雌蕊柱头是分裂的，则裂片张开；若柱头上有腺毛，则腺毛突起；还有的柱头表面会分泌黏液，以利于接受花粉。

植物在长期不断演化中形成了独特的开花习性，不同植物开花的年龄、季节、开花方式和花期的长短都有很大的差异。有些植物的开花习性还会受到纬度、海拔、坡向、气温、光照、湿度等环境条件的影响。通常低纬度地区植物花期早于高纬度地区，早春回温较快、干燥较高温均可促进植物提早开花；反之，早春霜冻严重、阴雨低温天气则会延迟开花。

二、开花物候期观测

以油茶开花物候期观测结果为例。选择 5 株 8 年生且树势发育良好的油茶无性系植株作为观察株。在 5 株观察株的东、南、西、北方向分别选 3 枝生长健壮且具有顶芽的枝条作为观察枝，挂牌标记。参照 Dafni（1995）的标准对海南油茶开花物候期进行观察：以 5 个标准株上的开花率达 5% 为初花期，25% 为盛花初期，50% 为盛花中期，75% 为盛花末期，调谢率达 95% 为落花终期。每隔 3 d 对所选植株进行观察和记录。结果记录形式如表 4-1。

表 4-1 海南油茶花期观测结果

种（变种）	日期（月 - 日）					盛花期持续时间 /d	花期持续时间 /d
	初花期	盛花初期	盛花中期	盛花末期	落花终期		
福山	10.30	11.24	11.30	12.23	01.05	29	68
琼东 2 号	11.24	12.14	12.17	12.23	01.09	14	46
...							

三、单花开放过程

以蜡梅为例，其单花开放全程 30～40 d，可以划分为 6 个时期。

（1）萌动期 花芽的褐色鳞片开始松动，共 7～10 d。

（2）蕾期 方形花柄略微伸长，有一小部分绿色的花蕾露出，共 5～7 d。

（3）露瓣期 花蕾显著增大，花蕊由绿色变为黄色，花被片由紧扣抱合变成松散状态，雄蕊直立，无香气，共 5～7 d。

（4）初开期 花朵开始向下倾斜，花被张开小口，雄蕊向外侧倾斜伸展，与花托附属物形成 60° 以上夹角，即"离心外卧期"。此时蜜腺分泌花蜜，花香逐渐变浓郁，共 3～5 d。

（5）盛开期 花被张开。其张开程度因不同变种而异，狗蝇蜡梅花被片完全张开，素心蜡梅次之，磬口蜡梅最小。雄蕊首先向雌蕊靠拢，由外倾转向直立，紧贴着花托附属物和柱头，即"向心聚合期"。此时花药成熟，发生纵裂，花粉散落。柱头分泌黏液，蜜腺继续分泌花蜜，此时花香达到最浓，有昆虫出入，共 2～3 d。

（6）落花期 花被、柱头、花药逐渐萎缩干枯。蜜腺逐渐停止分泌花蜜、失去花香，直至花被或全花脱落，共 7～10 d。

实验内容

Ⅰ 开花物候期观察

【实验目的】

通过对物候期，尤其是对开花物候期的观测，了解和掌握林木开花规律，从而为林木栽培的科学管理、科学选择亲本和开展杂交育种工作等提供理论依据。

【实验材料】

根据当地的实际情况，观察校园内的树木，如刺槐、玉兰、泡桐、榆树、连翘、洋金凤、杨树、杜仲、银杏、油松、白皮松等。

【实验器具】

记录本、标签、记号笔、铅笔、相机等。

【实验步骤】

确定观察树种并记录树种基本情况，如树种名称、所在地点经纬度、气候类型、所属科属、树龄、群体大小等（表4-2），选择3～5株发育良好、无病虫害的成年植株作为观察对象。在植株东、南、西、北4个方向分别选2～4枝生长较为一致且具有顶芽的枝条作为观察枝，并挂牌标记。参照Dafni的标准对其开花物候期进行观察：以3～5株观测植株全部观测枝上的开花率达5%为初花期，达25%为盛花始期，达50%为盛花中期，达75%为盛花末期；落花始期为有5%的花正常脱落花瓣，落花终期为有95%的花正常脱落花瓣。每隔3 d对所选植株进行观察，记录日期、温湿度、总花数、开放和凋谢花朵数量等（表4-3），最后统计数据并填写花期观测结果表（表4-4）。若为单性花，则雄花、雌花分别进行观测。

表 4-2 所观察树种基本情况表

树木名称	所属科、属	观测地点情况	群体大小	树龄

表 4-3 开花物候期观测记录表

植株编号	日期	气温	湿度	花序开花顺序	开花数/朵	凋谢花数/朵	总花数/朵

表 4-4 花期观测结果

植株编号	日期（　月　日）						盛花期持续时间/d	花期持续时间/d
	初花期	盛花初期	盛花中期	盛花末期	落花始期	落花终期		

【实验结果及分析】

根据观察记录的结果，分析开花物候期不同阶段变换的时间点，并同时分析环境因素对开花物候期的影响，总结该物种开花物候期时间及特点。

【作业】

根据实验目的与要求，撰写植物开花物候期观察分析报告，其中应包含表 4-2 至表 4-4 的内容及实验结果分析。

Ⅱ 单花开放观察

【实验目的】

不同植物的单花开放过程不同，如蜡梅单花开放全程 30～40 d，金花茶单花开放 3～6 d，油茶单花开放 5～6 d。掌握植物单花开放过程能够更好地确定最适人工杂交授粉时间、栽培管理措施、观赏时间等，有利于繁育生物学和杂交育种的研究。

【实验材料】

根据当地的实际情况，观察校园内的植物如蜡梅、洋金凤等。

【实验器具】

游标卡尺、记录本、标签、记号笔、铅笔、相机等。

【实验步骤】

表 4-5 单花开放过程观察记录表

植株编号	日期月/日	时间	气温	湿度	花形态变化						
					鳞片（展开/脱落）	花柄、花托（长、宽、形状、颜色）	花萼（形状、颜色、脱落）	花瓣（展开方向、颜色、形状）	雄蕊（数量、花药形状、颜色、花粉散开程度）	雌蕊（柱头长度、形状、颜色、分泌物）	花序开花顺序（由上至下/由下至上）

确定观察树种并记录树种基本情况，如树种名称、所在地点经纬度、气候类型、所属科属、树龄、群体大小等（表 4-2）。选择 3~5 株生长健壮、无病虫害且带有花芽的植株作为观察对象，在植株东、南、西、北 4 个方向分别选 2~4 枝作为观察枝，每枝选择 5~10 个发育良好的花蕾，挂牌标记。从花芽开绽期起开始观察并拍照、记录花芽鳞片、花柄、花萼、花瓣、雄蕊、雌蕊、花序开放顺序等变化，观测时还应注意记录花粉散出和柱头伸长变化等情况。单花开放时间 1 d 之内的植物每 2 h 观察一次，6 d 以内的植物每天观察 2 次，6 d 以上的植物每天观察一次直至开花结束。植株若为单性花，则雄花、雌花分别观察。统计观察结果并填写表 4-5，制作单花开放过程图（图 4-1、图 4-2）。

【实验结果及分析】

根据观察记录的结果，分析单花开放过程中花的形态颜色等变化，并同时分析环境因素对开花的影响，总结该物种的单花开放过程及特点。

图 4-1 洋金凤花朵开放形态特征变化

A：萼片松开；B：花瓣露出；C：花丝即将弹出；D：花朵完全开放

图 4-2　洋金凤谢花过程

【作业】

撰写植物单花开放观察分析报告，其中应包含表 4-5、图 4-1、图 4-2 内容及结果分析。

【常见问题分析】

1. 实验中可能会出现意外导致观察花朵损伤或提前脱落等情况，因此需增加观察花朵的数量。

2. 观察时应注意天气对开花物候期和单花开放进程的影响，及时记录天气情况，最后的观察结果也应联系天气情况进行分析。

【参考文献】

1. 黄猛，丁国昌，赵苗菲，等.台湾相思开花结实生物学特性研究 [J].西南林业大学学报（自然科学版），2019，39（1）：80–87.

2. 吴昌陆，胡南珍.蜡梅花部形态和开花习性研究 [J].园艺学报，1995（3）：277–282.

3. 廖文波，刘蔚秋，冯虎元，等.植物学 [M].3 版.北京：高等教育出版社，2020.

4. 赵绍文.林木繁育实验技术 [M].北京：中国林业出版社，2005.

5. DAFNI A. Pollination ecology：a practical approach [M].Oxford：Oxford University Press，1995.

实验五

花形态结构的解剖和观察

基础知识

不同植物的花器官形态具有很大的差异，了解并掌握不同植物的花形结构不仅有利于识别不同植物，还可以辨别同一种植物不同性别的花器官，为农林生产管理提供帮助；同时，对研究植物繁殖方式、植物对环境的适应、生物进化等都具有重要的意义。

一、花的形态结构及功能

花的基本结构包括：花柄、花托、花萼、花冠、雄蕊群（花药、花丝）、雌蕊群（柱头、花柱和子房），如图 5-1 所示。

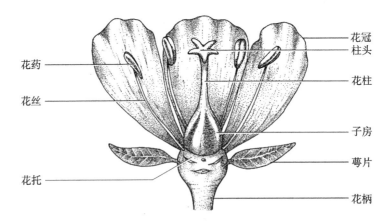

图 5-1　花的基本组成部分（引自廖文波等，2020）

1. 花柄和花托

着生花的小枝，称花柄或花梗，内有维管系统并与茎相连，茎通过花柄向花输送养料和水分，花柄还可调控花朵展布的空间位置。花托位于花柄顶端，是花萼、花冠、雄蕊、雌蕊着生的部位。花托在不同植物中形态不同，一般植物的花托呈平坦或稍凸起的圆顶状，有的花托伸长呈圆柱状，如玉兰；有的花托在花萼至雌蕊之间的部分特别发达形成花盘，如柑橘；有的花托呈倒圆锥状，如莲。

2. 花萼

花萼位于花的最外轮，由若干萼片组成。各自分离的萼片称为离萼，如桃、樟；彼此合生的萼片称合萼，合萼下端的合生部分称为萼筒，上端分离的部分称为萼裂片，如茄。花萼结构与叶相似，但栅栏组织和海绵组织的分化不明显。花萼多为绿色，一般具有保护幼花、幼果的功能，并兼行光合作用。此外，有些植物的花萼还有吸引昆虫授粉的作用，如桢桐属植物具有颜色鲜艳的花萼；有些植物的花萼可促进果实的传播，如蒲公英。

3. 花冠

花冠多由薄壁细胞组成，位于花萼内侧，由若干花瓣排列一轮或几轮组成，具有保护雄蕊和雌蕊、引诱昆虫进行传粉的作用。花瓣也有分离或联合之分，若花瓣各自分离则称为离瓣花，如玉兰；若花瓣彼此相联则称为合瓣花，合瓣花的每一裂片称为花冠裂片，如桂花、泡桐、水曲柳、楸树等。

花冠的形态多种多样，根据花瓣数目、形状及离合状态，以及花冠筒的长短、花冠裂片的形态等特点，通常分为下列主要类型：十字形花冠、蝶形花冠（包括大型旗瓣1枚，翼瓣、龙骨瓣各2枚）、蔷薇形花冠、漏斗状花冠、钟状花冠、筒状花冠（花冠筒长、管形）、舌状花冠（花冠筒较短，上部宽大向边展开）和唇形花冠（上唇常2裂，下唇常3裂）等。根据花冠大小及对称情况，又可分为辐射对称（如芫花）、两侧对称（如忍冬）、双面对称（荷包牡丹）和不对称（如美人蕉）四类。

花萼与花冠总称为花被，两者齐备的花为两被花，如梨；缺少其一的为单被花，如桑。单被花中有的全为花萼状，如甜菜；也有的全为花冠状。有的植物花被全部退化，如杨、柳、桦木等，称之为无被花。

花瓣在花芽内卷叠排列的方式，主要有镊合状、旋转状和覆瓦状三类。镊合状排列是指花瓣各片只有边缘彼此相接近，但不叠盖，如桔梗；旋转状排列是每片花瓣以一侧边缘盖于相邻一片花瓣的边缘之外，依次回旋叠盖，如棉；覆瓦状排列为花瓣中有一片或两片完全覆盖于外，如油茶。

4. 雄蕊群

（1）雄蕊群构成及类型　雄蕊群是一朵花中雄蕊的总称，位于花被的内侧，一般直接着生在花托上，也有些基部着生于花冠或花被上。单个雄蕊包括花药和花丝两部分，花药着生于花丝的顶端。不同植物雄蕊的数目和形态类型变化很大。一朵花中雄蕊的花丝长度大多相等，也有些植物中存在雄蕊的花丝长度不相等的现象，而且这种特性已成为相对稳定的遗传性状。根据雄蕊长度特点可将其分为四强雄蕊、二强雄蕊、单体雄蕊、二体雄蕊、多体雄蕊和聚药雄蕊等类型。

（2）花药　以油茶花药为例（图5-2）。未成熟的油茶花药呈近蝴蝶状，分为左、右两半，中间以药隔相连，药隔中间有一束维管束，称药隔维管束。两侧共有4个花粉囊，花粉囊内含大量未成熟花粉，此时花药壁已达分化完全的程度，各层细胞明显可分，由外至内结构如下：①表皮：花药最外面的一层细胞，由未分化的花药表皮直接发育来，具角质膜，形态大致相同且排列紧密，具有保护功能。②药室内壁（纤维层）：

由初生壁细胞经分裂产生次生壁层发育而来，一般只有一层。花药发育过程中药室内壁发生明显的径向延长，成熟时，细胞具有条纹状木质化不均匀加厚的壁，有助于花粉囊的开裂。③中层：是由初生周缘细胞分裂产生的次生周缘细胞发育而来的一层细胞，位于纤维层内侧，环绕每个花粉囊，在花药发育至四分体释放小孢子时，中层细胞开始退化，被挤压成狭长状，然后解体和被吸收，待花药成熟时中层一般已不存在。④绒毡层：位于最内层，与配子体直接相连，在花粉发育过程中发挥着重要的作用。细胞较大，具多个细胞核且富含营养，具有腺细胞的特点，在花粉生长发育过程中起到提供营养、分泌胼胝质酶促进四分体解体、参与花粉外壁以及花粉包被合成的作用。花粉发育至四分体时期是绒毡层细胞发育最为旺盛的时期，之后随着花粉的成熟，绒毡层逐渐解体并被发育的花粉所吸收。

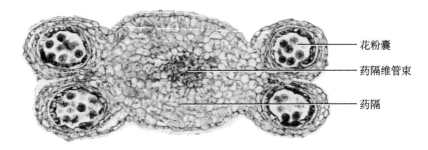

花粉囊

药隔维管束

药隔

图 5-2　油茶花药横切面

5. 雌蕊群

（1）**雌蕊构成及类型**　雌蕊群是一朵花中所有雌蕊的总称，位于花中央或花托顶部。单个雌蕊由柱头、花柱和子房三部分组成。组成雌蕊的基本单位为心皮，是具生殖作用的变态叶。根据心皮的数目和离合情况还可将雌蕊分为单雌蕊、离生雌蕊、合生雌蕊（也称为复雌）。复雌蕊的各部分结合情况不同，有的子房、花柱和柱头全部结合；有的子房和花柱结合，而柱头分离；有的仅子房结合，而花柱、柱头均分离。

柱头是承接花粉的地方，位于雌蕊的顶端，一般膨大、开裂或扩展成各种形状。花柱是柱头和子房间的连接部分，也是花粉管进入子房的通道，能为花粉管的生长提供营养和向化性物质。

（2）**子房结构**　子房是雌蕊的最主要部分，位于雌蕊基部膨大处，由子房壁、子房室、胎座和胚珠组成，子房的中空部分称为室。胚珠着生于胎座，由心皮内侧的表皮细胞分裂突出而形成。一个成熟的胚珠由珠心、珠被、珠孔、珠柄和合点组成。不同种类的植物其子房内胚珠的数目不同，通常一至多个不等。

子房中，着生胚珠的部位称为胎座。由于心皮的数目、联结情况以及胚珠着生的部位等不同，形成不同的胎座式。胎座式主要分为边缘胎座、中轴胎座、侧膜胎座、特立中央胎座、基生胎座、顶生胎座。根据子房与花的其他部分（花萼、花冠、雄蕊群）的相对位置的差异，可将子房类型分为上位子房、下位子房和半下位子房。

二、花序类型

一朵花单生于枝顶或叶腋部位，如油茶、玉兰等，称为单生花。数朵小花按照一定的方式和顺序排列于花轴上，形成花序。花序的总花柄称为花序轴，可以分枝或不分枝。花序中没有典型的营养叶，有时仅在每朵小花的基部形成一片小苞片。有些植物的花序，其苞片数量较多且簇集组成总苞，位于花序的最下方。根据花序轴分枝的方式和开花的顺序，可将花序分为无限花序、有限花序和混合花序三大类。

无限花序的花序轴能够较长时间保持顶端生长能力，并继续向上延伸，不断产生苞片和花芽，其开花顺序是从花序轴基部开始，向顶依次开放。若无限花序的花轴均不分枝，则为简单花序，可细分为总状花序、伞房花序、伞形花序、穗状花序、柔荑花序、肉穗花序、头状花序、隐头花序。若无限花序的每一花轴分枝，相当于上述的一种花序，则称为复合花序，复合花序又可分为：圆锥花序（复总状花序）、复伞房花序、复伞形花序和复穗状花序。

有限花序的花序轴顶端较早丧失顶端生长能力，因此不能继续向上延伸，其开花顺序是顶端花先开，基部花后开；或中心花先开，侧边花后开。根据具体的形态结构及开花顺序，有限花序可细分为单歧聚伞花序、二歧聚伞花序、多歧聚伞花序。混合花序是指在同一花序上，同时生有无限花序和有限花序，如主轴为无限花序，侧轴为有限花序。很多植物的花序都属此种类型，如紫薇、玄参、七叶树。

三、花程式

花程式是用于表述花的特征，由字母、符号和数字按一定顺序排列组合而成。通常用 K 代表花萼，C 代表花冠，A 代表雄蕊群，G 代表雌蕊群，P 代表花被。花各部分的数量用阿拉伯数字表示，写于字母的右下角，其中以"∞"表示数目多而不定数；"0"表示缺少某部分；在数字外加上括号"（ ）"，表示该部为联合状态。若某部分可分为数轮或数组时，则在各轮或各组的数字之间用"+"相连。关于子房的位置，若短横线位于 G 下方表示子房上位，短横线位于 G 上方则表示子房下位，G 上下方都有短横线则表示子房半下位。G 的右下角数字依次表示组成雌蕊的心皮数、子房室数和每室的胚珠数，它们之间用"："相连。花程式最前面冠以"∗"表示辐射对称花，两侧对称花用"↑"表示；♂为雄花，♀为雌花，⚥为两性花（两性花的符号有时略而不写）。例如百合的花程式为：∗⚥$P_{3+3}A_{3+3}\underline{G}_{(3:3:2)}$。，表示百合花为两性；整齐花；花被 2 轮，每轮 3 枚；雄蕊 2 轮，每轮 3 枚；雌蕊 3 心皮合生，3 室，每室 2 枚胚珠，子房上位。

四、花图式

花图式是花的各部分垂直投影所构成的平面图。花图式展现的是花的各部分横切面的简图，表示它们的数目、离合状态、排列情况以及胎座类型等特征。通常在画花图式时，花轴画在花图式的上方，用"〇"表示；苞片画于花轴的对面和两侧，用背面突起的新月形空心弧线来表示；以新月形内画有横线且背面有突起的弧形表示萼片；以背面没有突起的新月形实心弧线表示花瓣。如果花萼、花冠是离生的，则各弧线彼此分离；

如为合生，则各弧相连线。此外还要表示出花萼、花冠各轮的排列方式及其相对位置；以花药横切面表示雄蕊位置，以子房的横切面表示雌蕊位置，并表示心皮的数目、合生或离生、子房的室数、胎座类型以及胚珠着生情况等（图5-3）。

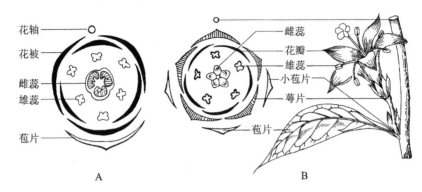

图5-3 花图式（引自强胜，2017）
A. 单子叶植物；B. 双子叶植物

实验内容

【实验目的】

通过观察了解不同植物花的形态特征，掌握花的主要结构，理解花序的概念并掌握几种常见花序的特点。学会使用花程式和花图式表示花的结构。

【实验材料】

油茶花、洋金凤花、刺槐花序、毛白杨花序；油茶、百合的花药、子房横切制片。

【实验器具与试剂】

光学显微镜、游标卡尺、放大镜、剪刀、解剖刀、体式显微镜、镊子、解剖针、培养皿、载玻片、盖玻片、双面刀片、记录本、铅笔、相机等。

【实验步骤】

1. 花的组成结构观察

（1）在校园寻找完全盛开的洋金凤花、油茶花、槐花、杨树花等，拍照后用枝剪采集完整的已开放的花10朵直接带回实验室使用，或于实验前一天采集新鲜的花朵，装在塑料袋内维持一定的湿度，并存放于4~5℃冰箱中保鲜，供解剖观察用。

（2）使用解剖刀、镊子、解剖针将花解剖并标注各部分名称，如图5-4所示。

（3）观察并测量花的各部分特征，如长宽、形状、颜色、位置、所属类型等，记录到表5-1。

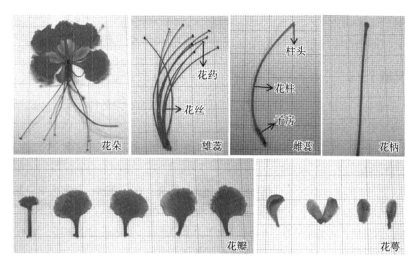

图 5-4 洋金凤花部形态特征

表 5-1 花形态结构观察记录表

植株名	花序	花柄	花托	花被		雄蕊		雌蕊		
				花萼	花冠	花药	花丝	柱头	花柱	子房

（4）写出花程式及花图式。

2. 花药、子房的解剖观察

（1）取油茶、百合的花药、子房横切制片观察。

（2）标出花药、子房各部分结构名称。

【实验结果及分析】

根据观察记录的结果，总结不同植物花结构的特点，分析其功能和原因。

【作业】

每人采集并解剖 3~5 种花或花序。记录分析不同植物花的各个组成部分特征（参考表 5-1）。绘制或以照片展示每种植物的花，并标注其各个组成部分名称及所属类别，写出花程式及花图式。制作 1 种花的花药、子房切片，绘制或图片展示其结构并标明名称。对观察结果进行总结和分析。

【常见问题分析】

1. 实验中采集的用于观察的花朵可能因为自身发育、虫害等问题出现花器官损伤或不完整的情况，因此可提前找未开放，无病虫害、完整的花苞进行套袋处理，以保证花朵的完整性。

2. 花药、花粉的切片过程中可能出现制片失败的情况，因此应多采样。

【参考文献】

1. 陈雅，李春林，袁德义，等. 油茶杂交 F1 代开花、授粉和坐果的特性 [J]. 福建农林大学学报（自然科学版），2020，49（4）：440-446.

2. 范李节，陈梦倩，王宁杭，等. 3 种木兰属植物花芽分化时期及形态变化 [J]. 东北林业大学学报，2018，46（1）：27-30+39.

3. 李春林. 普通油茶主要无性系开花生物学及可配性研究 [D]. 重庆：西南大学，2011.

4. 武维华. 植物生理学 [M]. 2 版. 北京：科学出版社，2008.

5. 廖文波，刘蔚秋，冯虎元，等. 植物学 [M]. 3 版. 北京：高等教育出版社，2020.

6. 强胜. 植物学 [M]. 2 版. 北京：高等教育出版社，2017.

实验六

花粉的收集与贮藏

基础知识

花粉于花药内形成并发育，成熟的花粉由营养细胞和生殖细胞构成。在植物有性繁殖过程中，花粉作为种子植物的雄配子体，落到柱头上后萌发花粉管作为通道输送精子并完成受精。花粉是现代植物育种研究中重要的材料之一，同时花粉还具有较高的营养价值，例如松花粉可作为保健食品。

在林木育种中，不同品种的植物出现了花期不遇的现象，给杂交带来一定难度，有的林木可以通过人工延长花期解决，有的林木则通过采集花粉贮藏的方式来解决，因此花粉的贮藏对林木杂交育种具有重要的意义。通过花粉贮藏可以使花期相差较远的林木进行杂交，或者给距离较远的母本授粉，即通过花粉的贮藏与运输可以打破杂交育种中双亲时间上和空间上的隔离，扩大育种的范围。

一、花粉粒的发育

花粉粒的发育包括小孢子的产生和雄配子体的发育。

1. 小孢子的产生

当花粉囊壁组织发育分化时，花粉囊内部的造孢细胞也随之分裂形成许多小孢子母细胞或花粉母细胞。也有少数植物的小孢子母细胞由造孢细胞不经分裂而直接发育形成。花粉母细胞的体积较大，初期常呈多边形，后期逐渐发育成近圆形，细胞核大，细胞质浓，没有明显的液泡，与绒毡层保持着结构和生理上的紧密联系。随着花粉囊壁的中层和绒毡层逐渐解体消失，小孢子母细胞发育到一定时期便会进入减数分裂阶段，经过减数分裂后小孢子母细胞形成四个单核花粉粒，即小孢子，它们仍被包裹于同一个胼胝质壁中，且在每个小孢子之间也通过胼胝质壁进行分隔。

小孢子母细胞进行减数分裂时有两种胞质分裂方式。第一种是在减数分裂两次核分裂时，均伴随有胞质的分裂，即第一次分裂形成两个细胞，第二次分裂形成了四分体。该四分体中的四个子细胞排列在同一平面上，成为等双面体，如水稻等大多数单子叶植物，以及少数双子叶植物，如夹竹桃。第二种是第一次核分裂时不伴随胞质分裂，仅形成一个两核细胞，第二次分裂形成四核的时候才同时发生胞质的分裂，形成四分体，且四个子细胞并不排列在一个平面上，而是呈四面体排列，该分裂方式多见于双子叶植物，如桃、梨；也有少数单子叶植物属于此型，如百合。

2. 雄配子体的发育

小孢子是从四分体中释放出来的单核细胞，此时其细胞核位于细胞的中央，具有浓厚的细胞质，从解体的绒毡层细胞中继续取得营养和水分。随后，小孢子体积迅速增大，渐渐形成中央大液泡，细胞核位移到细胞边缘。接着进行一次有丝分裂，首先形成两个细胞核，靠近花粉壁的为生殖核，靠近大液泡的为营养核。之后发生不均等的胞质分裂，形成生殖细胞和营养细胞。

在花药成熟时，花粉发育到含营养细胞和生殖细胞时，即散出进行传粉，这类花粉称为 2- 细胞型花粉，多数被子植物属于这种类型，如桃、茶等。还有些植物的花粉，在花药开裂前，其生殖细胞要进行一次有丝分裂，形成两个精细胞，这类花粉含有一个营养细胞和两个精细胞，称为 3- 细胞型花粉，如水稻、向日葵等。2- 细胞型花粉和 3- 细胞型花粉通常称为雄配子体，精细胞则称为雄配子。精细胞核被一层细胞质包围，在细胞质中含有结构简单的线粒体、少量高尔基体、一些内质网和少数大小不等的单层膜小泡。

二、花粉的收集方法

不同树种有不同的开花特性，所以其花粉的收集方法也有所不同。花粉量多，散粉期较长的树种可以采用树上收集法，即可预先把雄花用纸袋套上，当花粉散出落入袋中时再进行收集。不便于树上收集的树种，如杨树、榆树、栎类、松树等，可以采集即将散粉的雄花穗，在室内摊在纸上阴干（或置于 25℃烘箱中烘干），在花药开裂之后收集花粉。除此之外还可以通过培养花枝来收集花粉，如柏木、水杉、榆树、杨树等，可在雄花散粉的前几天，剪下花枝放入装有水的容器中在室内常温下培养，同时在容器下方铺上干净白纸。花枝利用枝条内的养分和提供的水分正常生活，当雄花开放，花药自然开裂时，敲打花枝抖落花粉于纸上并收集。由于同一枝条上的不同花序，甚至同一花序，其花药开裂时间有先后，因此花粉可以一次收集或分数次收集，若散粉量少或花枝不多时，可以使用干净、干燥的毛笔收集花粉，如果同时收集几种花粉，要注意采取隔离措施，可分别在不同室内进行，以免花粉混杂。

1. 桉树花粉采集方法

（1）于桉树的树冠上采集 1～2 个生长粗壮、带有未开放花芽的枝条，将枝条上大部分的叶片自叶梢起剪去 3/4，带回温室水培，随时观察花芽的生长情况。

（2）当蒴盖颜色从深绿色转变为黄白色、蒴盖和萼筒之间出现裂缝时，收集花芽，除去蒴盖，剪下雄蕊，收集到培养皿中，放入硅胶干燥器中进行干燥。

（3）充分干燥后将其倒进 100 目筛中，用干燥的毛笔搅动 3～4 min，筛出花粉粒。

（4）将收集的花粉装入青霉素小瓶中，并放入几粒变色硅胶保持干燥。将小瓶密封后用注射器进行抽真空处理，最后贴上标签标明树种、收集日期、采集数量等信息，放入 4℃冰箱贮藏备用。

2. 柚木花粉收集方法

选择柚木带有花芽的健壮枝条，对花枝进行套袋，防止花粉混杂污染，待花半开放时即可剪下花枝。抖动花枝使花粉落下并收集于铺有白纸的托盘上，之后将花粉倒入 80 目筛中，在硫酸纸上过筛，收集花粉。

三、花粉的贮藏原理与方法

花粉贮藏的原理为：通过提供适合的环境条件，降低花粉的代谢强度，延长花粉的寿命，使花粉能够在较长时间内保持活力。不同植物其花粉寿命的长短也不同，在自然条件下，大多数植物的花粉从花药散出后只能存活较短的时间，如多数禾本科植物。通常木本植物花粉寿命较长，如在干燥凉爽的条件下，椴树的花粉能够存活 45 d；在自然条件下，自花授粉植物的花粉寿命一般比常异花、异花授粉植物短。不同类型的花粉其生活力也不同，通常 3- 细胞型花粉的寿命要比 2- 细胞型花粉短。花粉寿命的长短还受环境因素影响，其中温度和湿度是影响花粉寿命的最重要因子，是花粉贮藏时必须着重考虑的因素。

花粉在贮藏期间持续进行新陈代谢活动，消耗有机酸和可溶性糖等营养物质，其所含有的蛋白质、酶、核酸及其他物质在贮藏过程中极易变性，导致花粉生活力下降直至丧失。而干燥、低温和低氧的条件能够有效降低呼吸强度，减少消耗，从而延长花粉寿命。因此，不立即使用的花粉，应贮藏在适宜的条件下妥善保存，以往为保持花粉生活力，降低花粉的代谢强度，通常将花粉贮存于低温、干燥、黑暗且较为稳定的环境条件中。近年来，有研究表明将花粉通过超低温（液氮）、真空或降低氧分压以及快速冷冻干燥等方法贮藏，能够有效延长花粉生活力。

实验内容

Ⅰ　花粉的收集

【实验目的】

通过对比不同的花粉采集方式，为不同植物选取最适宜的花粉采集方式。

【实验材料】

根据当地的实际情况，采集校园内的洋金凤、油茶等的新鲜花粉。

【实验器具与试剂】

修枝剪、花粉筛、解剖针、镊子、毛笔、指形管、脱脂棉、广口瓶、干纱布、干燥器、硅胶、培养皿、硫酸纸、硫酸纸袋、标签、记号笔、无水氯化钙等。

【实验步骤】

1. 采集花粉

（1）树上采集　将硫酸纸袋套在即将开放的雄花上，扎紧袋口，待花粉散出落入袋中后立即回收纸袋。不同传粉类型的植物散粉时间不同，一般风媒花于 9 时左右开始散粉，11—14 时为散粉高峰期，因此 15 时左右即可回收纸袋。该方法适用于花粉量大、散粉期较长的植物，如针叶树。

（2）摘花序采集　使用修枝剪直接采集开放并即将散粉的花穗，摊在硫酸纸上阴干，待花药开裂后收集花粉。主要用于花朵散粉延续期较短、花粉易飞散、不便树上直接收集花粉的植物，如杨树等。

（3）培养花枝收集　使用修枝剪采集还未开放的带有雄花的花枝，在室温下进行水培，待花朵开放花药开裂后用干净的毛笔收集花粉，收集次数可在 2 次以上，该方法主要用于花粉量少且开花撒粉时间较短的树种。

注意：应收集花药开裂后的新鲜花粉，要将不成熟的幼嫩花药的花粉、干枯花药上的花粉、被雨露粘湿的花粉、有疑问的花粉及杂质除去。收集花粉时花朵不能有积水，用毛笔收集花粉之前，不仅要注意花朵外表要干燥，还要看花朵内无花蜜等液体。

2. 花粉采集后的处理

花粉收集后应置于清洁的环境，以免发霉等影响花粉的生活力。可放在散光下晾干、阴干或放入盛有无水氯化钙或硅胶等干燥剂的干燥器中干燥，通常以花粉不粘玻璃壁的极易分散程度为佳。干燥后用花粉筛筛去杂质，再根据使用的次数将其分装于数个 2 mL 离心管中，一般以 1/5 或更少为宜，然后放入适量硅胶，贴好标签，标明植物品种名称、采集日期、采集地点、贮藏条件（湿温度条件）。最后将离心管密封好，置于适宜的贮藏环境中储存。

Ⅱ　花粉的贮藏

【实验目的】

通过采用不同的贮藏方法贮藏花粉，为不同植物选取适宜其花粉的贮藏条件。

【实验材料】

经干燥处理后的花粉。

【实验器具与试剂】

冰箱、超低温冰箱、液氮、水浴锅等。

【实验步骤】

将干燥处理后的花粉分别贮藏在室温（20℃）、低温（4℃）、低温冷冻（−20℃）、超低温冷冻（−80℃）、液氮等 5 种不同条件下，分别于 5 d、10 d、30 d、50 d、70 d、

90 d、120 d、180 d 后测定各个贮藏条件下的花粉萌发率，以确定花粉的最佳贮藏条件。低温贮藏过的花粉先经过 37℃水浴解冻 2 min，然后再采用"花粉离体萌发培养基法"（具体方法见实验八）进行花粉活力的测定，找出该花粉的适宜贮藏条件。

【实验结果及分析】

总结分析不同林木花粉的最适收集方法和贮藏条件。

【作业】

采用 3 种花粉收集方法分别收集 3 种林木的花粉，一部分用于花粉活力测定和花粉个数计算，另一部分用于干燥实验。用干燥后的花粉再进行贮藏实验，测定各花粉的活力，得出实验结果并撰写分析报告。

【常见问题分析】

1. 应注意花粉收集时，花朵勿带水、带花蜜等。
2. 因对花粉的处理较多，应注意标签的标注，避免混淆或缺失。

【参考文献】

1. 黄桂华，梁坤南，林明平，等. 柚木花粉收集与贮藏研究 [J]. 种子，2012，31（9）：1–3+7.
2. 刘丽婷，武海霞，莫晓勇. 不同处理和贮藏条件下桉树花粉活力变化研究 [J]. 中南林业科技大学学报，2011，31（8）：56–60，78.
3. 武维华. 植物生理学 [M]. 2 版. 北京：科学出版社，2008.
4. 廖文波，刘蔚秋，冯虎元，等. 植物学 [M]. 3 版. 北京：高等教育出版社，2020.

实验七

花粉形态与结构观察

基础知识

各类植物的花粉形态各不相同。通过对比花粉粒的形状、大小，对称性和极性，萌发孔的数目、结构、位置，细胞壁的结构以及表面雕纹等，可以鉴定植物的科属，甚至可以鉴定到植物的种。通过观察花粉的形态结构还能够揭示植物系统发育的过程，反映植物适应不同媒介传粉的适应性特征等。花粉形态的研究不仅可以为植物分类鉴定和化石花粉的鉴定提供依据，同时也为植物系统发育的研究提供参考。

一、花粉结构

成熟的花粉由花粉壁、营养细胞和生殖细胞构成。成熟花粉粒具有内、外两层壁，内壁较薄，主要成分为纤维素、半纤维素、果胶酶和活性蛋白质。花粉壁蛋白是花粉与雌蕊的柱头相互识别的物质。内壁蛋白直接由花粉粒的细胞质合成并存于内壁多糖的基质中，以萌发孔附近的内壁蛋白最为丰富。花粉粒外壁的成分有纤维素、类胡萝卜素、类黄酮素、脂质及活性蛋白质等，与内壁蛋白不同的是外壁蛋白是通过绒毡层的细胞合成并转运而来。花粉粒外壁的主要成分为孢粉素，其具有抗高温高压、抗酸碱、抗酶解的特性，能够长期保存花粉的外壁和外壁上的雕纹，对于花粉鉴别有着重要意义。花粉外壁上具有萌发孔或萌发沟，不同植物具有不同形状、数量的萌发孔，如禾本科植物具有 1 个萌发孔，多数双子叶植物具有 3 个萌发沟或萌发孔。

二、花粉形态

1. 花粉的极性和对称性

花粉粒一般均具有极性及对称性。花粉的极性决定于在四分体中所处的位置。小孢子母细胞减数分裂后形成四分体，花粉成熟后分离形成 4 粒花粉。由四分体中心出发通过花粉粒中央向外引伸的线为花粉的极轴，花粉粒朝向四分体中心的一端为近极，而向外的一端为远极，与极轴垂直的线为赤道轴。通常花粉粒具有明显的极性，根据萌发孔等排列和形态可在单花粉粒上看出其极轴和赤道轴的位置。花粉的对称性，通常可以细分为以下 3 种。

（1）左右对称　以花粉沿极轴纵向作为切面，可得完全对称的两个部分；

（2）辐射对称　以花粉沿极轴纵向作为切面，可得两个及以上的对称面；

（3）完全对称　通过花粉中心作的任意切面都对称，如圆球形的花粉。

2. 花粉的形状和大小

不同种类的植物花粉之间差异很大，但每种植物的花粉都有特定的大小和形状。花粉粒的大小差别很大，大型的花粉粒如南瓜的花粉粒，其直径为 150 ~ 200 μm，而微型的花粉粒如勿忘草仅为 2 ~ 5 μm；但大多数植物的花粉粒直径为 15 ~ 60 μm。花粉是一个立体的结构，观察处于不同位置和在不同焦距下花粉粒的形状，可以得出花粉的立体形态。常见花粉的立体形态有超长球形、长球形、近球形、球形、扁球形、超扁球形。

3. 花粉的萌发孔

萌发孔是花粉与柱头结合后花粉管伸出的通道，其位于花粉外壁上较薄或开口的区域。植物萌发孔的形状和位置有一定的规律，一般不同植物之间存在区别，因此萌发孔特征可以作为植物分类的重要依据之一。

萌发孔开口形状的演化与植物的系统发育、植物类群的分类息息相关，通过对不同植物花粉的观察，可以根据萌发孔开口的形状将花粉分成 5 种类型。

（1）具射线裂缝型　主要分为单缝孢子和三缝孢子两种类型，单缝孢子带有 1 条四分体痕，三缝孢子是从近极辐射出 3 条四分体痕。通常苔类、蕨类植物中孢子的萌发口为具射线裂缝型，而种子植物中不具有。

（2）萌发孔不明显型　花粉外壁无可见的萌发孔、萌发沟或裂缝。只有部分的外壁区域较薄，以供花粉管萌发，如裸子植物中的杉科植物。

（3）具萌发孔型　花粉外壁开口的长度与宽度相似，两者的差距在两倍以内。根据萌发孔的数目，可以再细分为单孔、二孔、三孔、散孔等。还可从萌发孔的构造来区分，一部分萌发孔外壁外层与外壁内层不分离，结构简单，称为简单孔；若两者分离，于边缘处形成孔室，则为复杂孔。

（4）具萌发沟型　花粉外壁开口的长度和宽度相差两倍及以上。萌发沟是被子植物中最为常见的开口类型。同样也可以细分为单沟、二沟、三沟、散沟等。二沟及以上的花粉中，萌发沟常位于赤道轴，与赤道垂直排列，是确定花粉的远极面与近极面的重要依据。

（5）具孔沟型　花粉外壁同时带有萌发孔与萌发沟，且两者通常重叠，有的萌发孔位于萌发沟的中部，有的位于萌发沟的下方，具体可细分成三孔沟、四孔沟、多孔沟等。

4. 花粉外壁纹饰

花粉壁通常包括外壁和内壁，外壁致密而坚硬，内壁柔软且薄。有的花粉表面是光滑的，有的花粉上具有各种纹饰，如小刺、瘤、颗粒等，形成各种各样的雕纹。花粉表面的各式雕纹可分为如下几种。

（1）颗粒状雕纹　花粉表面具颗粒，颗粒的大小可以有变化。

（2）瘤状雕纹　花粉表面具有圆头状突起，其最大宽度大于高度。

（3）条纹状雕纹　花粉表面雕纹为相互平行的条纹。

（4）棒状雕纹　花粉表面有大于 1 μm 的棒状突起，雕纹分子圆头，其高度大于最大宽度。

（5）刺状雕纹　花粉表面具大于 1 μm 的刺。

（6）脑纹状雕纹　花粉表面的突起呈脑纹状，宽窄多变且弯曲。

（7）穴状雕纹　花粉表面具凹陷的穴。

（8）网状雕纹　花粉表面具网，网由网脊和网眼组成。网脊有宽有窄，网眼有大有小。

（9）负网状雕纹　花粉表面具网，但相当于网脊的部分凹陷和网眼的部分凸出。

（10）光滑纹饰　花粉表面光滑。

三、花粉的观察方法

1. 整体封片法

将花粉置于载玻片上，滴加 96% 乙醇洗去花粉表面的油脂，用吸水纸擦去油圈。反复滴加乙醇直至油脂清除干净，之后滴加甘油胶固定封片，形成永久装片。经过整体封片法处理后，花粉内壁及内含物保存较好，外观接近自然生活状态。缺点在于花粉具有一定的厚度，花粉透光率低，因此无法清晰地观察其纹饰上的细节或厚度，萌发口等结构也无法清晰地观察。

2. 碱处理法

将花粉放入 100 g/L KOH 溶液中持续煮沸 10 min 后，滴加甘油胶固定封片。经过碱溶液的处理，花粉的内壁及内容物基本消失，而外壁结构没有被损坏。这种方法可以清楚地观察到花粉的外壁纹饰、萌发口等结构，对于小型花粉的观察效果最好。但是碱处理后的花粉形态往往会发生膨胀变形，甚至破裂，因此实际使用过程中需要注意适当地调整碱溶液的浓度及处理时间。

3. 乙酸酐分解法

将花粉浸在乙酸酐 – 硫酸液（9∶1）（现配现用）中水浴加热，过滤后保存于 500 g/L 甘油中，待观察时再取出滴加甘油胶制片即可。由于此混合液会破坏花粉的纤维素和细胞质基质，所以该方法处理后的花粉也没有内壁等结构。相对来说，乙酸酐分解法的操作过程复杂，但所观察的纹饰、萌发口结构更为清晰，膨胀形变程度也相对碱处理法较小。

4. 扫描电镜法

扫描电镜在植物学上的广泛应用，打破了过去花粉观察的技术限制，使得花粉纹饰等超微结构的解析更为准确，同时也减少了人为判断的主观性。利用扫描电镜观察花粉的常用方法有新鲜花粉直接镀膜法、干燥花粉镀膜法和戊二醛固定法。

实验内容

【实验目的】

通过对花粉形态特征的观察，了解花粉形态结构的多样性及与其传粉的适应，学会正确描述花粉的形态特征，掌握花粉的制片方法，在此基础上认识花粉的形态特征，分析其在植物分类学中的作用。

【实验材料】

根据当地的实际情况，采集校园内的洋金凤、油茶等的新鲜花粉或从植物腊叶标本中收集花粉。

【实验器具与试剂】

无水乙酸、乙酸酐、浓硫酸、500 g/L 甘油、加拿大树胶、蒸馏水、50% 乙醇、苯酚、光学显微镜、扫描电镜、水浴锅、离心机、玻璃试管、镊子、解剖针、玻璃棒、细铜网、载玻片、盖玻片、双面透明胶带、酒精灯、目镜测微尺等。

【实验步骤】

1. 花粉材料的采集

林木花粉可以取自新鲜植株或腊叶标本。若植物花较大且雄蕊多，则可用镊子直接将雄蕊或花药取下，放入玻璃试管中并编号。如果花很小，花的雄蕊不易辨别，可将其小花取下几朵放入玻璃试管内。

2. 花粉的分解

本实验中花粉分解选择采用乙酸酐分解法。

（1）将 2 mL 无水乙酸加入上述小玻璃管中，待花药浸软后使用玻璃棒将花药弄破。利用细铜网将花粉过滤到对应编号的离心管中，经离心沉淀后倒去无水乙酸。

（2）加入乙酸酐 – 浓硫酸混合液（9∶1），将离心管放入水浴锅加热至沸腾。在分解的过程中，可以用玻璃棒轻轻地搅动使其混合均匀。同时，还可用玻璃棒随时取出少量的花粉放在载玻片上，置于光学显微镜下观察，查看花粉的内壁和原生质体是否已全部被溶解，如果原生质体还未完全溶解，则继续进行溶解，直至完全溶解为止，一般需 2 ~ 3 min。

（3）将离心管放入离心机中常温低速离心沉淀，倒掉上清液，加入蒸馏水再离心，重复 3 次。加入 500 g/L 甘油，将甘油和花粉一起倒入玻璃试管中，并加入少许防腐剂（苯酚或麝香草酚）。

3. 花粉的制片

（1）将保存在玻璃试管内的花粉用玻璃棒取出少许，放在载玻片上（若发现有杂物，可用镊子将其取出）；接着加 1 滴融化的甘油胶，用镊子轻轻搅匀；然后将盖玻片放在酒精灯或微型电热板上稍微烤热后迅速盖上（使用烤热的盖玻片可减少气泡的发生，盖玻片的厚度一般不超过 17 μm），封好后贴上标签。

（2）待甘油胶完全凝固后，再用加拿大树胶将盖玻片周围的边封好，即成永久制片，放入标本盒内保存。

4. 花粉扫描电镜样品的制备

取少许花药置于载玻片上，然后滴 50% 乙醇 1 滴，用小镊子把花药压碎，将花粉粒洗脱，经自然干燥，置于光学显微镜下检查花粉粒的多少，当花粉量足够时，再用小毛笔尖将花粉粒转到贴有双面透明胶带的样品台上，将载有花粉粒样品的样品台移至镜膜机上，喷金镀膜 3 min 后即可在扫描电镜下观察照相。

【实验结果及分析】

根据观察结果，总结分析该植物花粉粒的形态特征并进行分类，试分析两种花粉形态观察方法的优缺点。

【作业】

以小组为单位收集采用 3 种以上不同林木材料的花粉，进行花粉制片观察并拍照，总结分析实验结果并撰写实验报告。

【常见问题分析】

1. 获取材料时，尽量采集即将开放的花，采集时记录所采样本的详细信息。收集腊叶标本的花粉时要注意不要混入其他植物组织。

2. 花粉分解时所用的乙酸酐－浓硫酸混合液（9∶1）需现用现配，以免失效。浓硫酸是危险化学品，使用时需严格按照要求。

【参考文献】

1. 陈菁瑛，陈弁，张丽梅，等 . 2003. 用于扫描电镜观察的花粉不同制样方法对枇杷花粉形态的影响［J］. 福建农业学报，2003，18（2）：44-48.

2. 曹丽敏，夏念和，曹明，等 . 中国无患子科的花粉形态及其系统学意义［J］. 植物科学学报，2016，34（6）：821-833.

3. 方晨 . 不同观察方式下的花粉形态变化幅度研究［D］. 上海：华东师范大学，2020.

4. 田欣，金巧军 . 槭树科花粉形态及其系统学意义［J］. 植物分类与资源学报，2001，23（4）：457-465.

5. 王伏雄，钱南芬，张玉龙，等 . 中国植物花粉形态［M］. 2 版 . 北京：科学出版社，1995.

6. 廖文波，刘蔚秋，冯虎元，等 . 植物学［M］. 3 版 . 北京：高等教育出版社，2020.

実验八

花粉生活力测定

基础知识

一、花粉生活力测定的原理

花粉是种子植物的微小孢子堆，成熟的花粉粒是其雄配子体，可以产生雄性配子。花粉由雄蕊中的花药产生（图8-1），并通过多种传粉方式到达雌蕊对胚珠进行授粉。花粉的生活力是指在正常条件下，花粉在雌蕊上萌发的能力。成熟花粉的生活力因物种不同变化很大。许多果树花粉的生活力，在实验室可以保持几个月。花粉的生活力受环境因素影响，特别是温度与湿度对其影响很大。

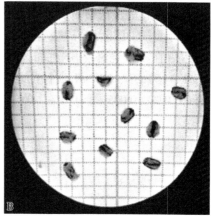

图8-1 洋金凤花朵（A）与花药（B）

花粉生活力的测定是杂交种的前提。在农林植物杂交育种时，亲本花期往往不同，需要采集花粉短暂贮藏。在杂交之前，必须先测定贮藏花粉的生活力以确定授粉量，从而确保杂交种的效果。此外，植物授粉、受精甚至坐果都与花粉生活力的高低直接相关，因而花粉的生理研究、农林植物雄性不育和远缘杂交中都要鉴定花粉的育性和生活力。花粉生活力可通过花粉的形态观察以及在人工培养基上花粉管萌发的情况来评定。

二、常用的花粉生活力测定方法

花粉生活力的测定方法主要包括直接法（形态鉴定法、授粉法）和间接法（固体培养基法、电导法）。

（一）直接法

1. 形态鉴定法

即在显微镜下观察花粉粒形态，具有正常的大小、形状、色泽的花粉通常具有生活力，而畸形、皱缩的花粉则通常没有生活力。

2. 授粉法

使用同种植株，直接把花粉授在其雌蕊柱头上，做好隔离，观察结实情况，如果胚珠能正常发育成种子，即表示花粉有生活力。

花粉在柱头上萌发：柱头上有促进花粉萌发的物质，所以在人工培养基上不能萌发的花粉，在柱头上却可以。首先，将贮藏花粉授到雌蕊柱头上后，每隔 1 ~ 3 d 采集一次已授粉的柱头，并在 60 ℃温水或 FAA 固定液中固定 15 min。其次，用 10 g/L 苯胺蓝溶液或 5 g/L 苯胺兰乳酸酚溶液染色 24 h。之后，把花柱置于载玻片上，撕开后盖上盖玻片，用大拇指轻轻按压盖玻片，在显微镜下观察花粉管的生长情况。若花粉具有生命力，则可观察到花粉管伸入柱头组织且花粉管染成蓝色；若花粉不具有生命力，则无花粉管伸入柱头组织。该方法适用于大多数树种，尤其是阔叶树，效果较好。

（二）间接法

1. 固体培养基法

人为创造适宜花粉萌发的条件，根据其萌发情况鉴定花粉的生活力，具体做法如图 8-2 所示。①配制培养基：在 4 个烧杯中各加入 100 mL 蒸馏水，每杯均加入 1 g 琼脂，然后在 4 个烧杯中分别加入 5 g、10 g、15 g、20 g 蔗糖，即制成分别含 50 g/L、100 g/L、150 g/L、200 g/L 蔗糖的培养基，放入微波炉中加热。为促进花粉发芽，可分别用 0.001%、0.005%、0.01%、0.015% 硼酸溶液代替蒸馏水。为防止杯中水分大量蒸

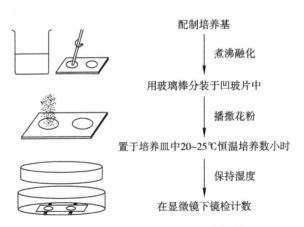

配制培养基

↓ 煮沸融化

用玻璃棒分装于凹玻片中

↓ 播撒花粉

置于培养皿中 20~25 ℃恒温培养数小时

↓ 保持湿度

在显微镜下镜检计数

图 8-2　固体培养基法鉴定花粉生活力的操作流程

发而影响浓度，加热时可将培养皿盖在烧杯上或提前在杯上做好记号，待琼脂全部溶解后，再把水加至标记处。②制片：当琼脂与蔗糖全部溶解后，用玻璃棒趁热蘸取少量液体，滴在凹玻片的凹槽内，放置片刻即可冷凝成固体培养基。用毛笔扫取微量花粉，用解剖针扫拨毛笔，将花粉均匀地撒在培养基上，通常一个低倍显微镜视野内以 50 ~ 100 粒为宜。注意花粉不可播撒得太多，以免给后期观察带来困难。③观察：当花粉制片符合要求时，将玻片置于垫有湿润滤纸的培养皿内，盖上皿盖，放在 20 ~ 25℃恒温箱中，经 24 h 后取出，在低倍显微镜下观察花粉萌发情况（不同花粉萌发时间不同，短的 2 ~ 16 h，长的 3 ~ 5 d）。④鉴定发芽率：通常取 3 个视野计算花粉总数和萌发数，算出平均萌发率，根据花粉萌发率的高低决定能否用于授粉。

2. 电导法

有活力的花粉和无活力的花粉在结构和膜的特性方面有差异。例如，测定火炬松等花粉蒸馏水提取液电导率和紫外线吸收光谱表明，测定值的大小与花粉萌发率呈显著的负相关，即测定值越小，花粉生活力越强。

实验内容

【实验目的】

通过花粉的形态观察和在人工培养基上进行花粉萌发实验来鉴定花粉的生活力，掌握花粉生活力测定的原理和常规方法。

【实验材料】

根据当地的实际情况，并结合杂交计划（参见实验九）决定实验材料，本实验以凤凰木的花粉为例。

【实验器具与试剂】

玻璃瓶、天平、微波炉、水浴锅、烧杯、玻璃棒、毛笔、解剖针、凹玻片、计数器、光学显微镜、培养皿、滤纸、镊子，蔗糖、硼酸、琼脂、蒸馏水。

【实验步骤】

1. 花粉的收集

（1）摘下花序收集花粉　凤凰木在上午约 9 时开始撒粉，11—14 时是撒粉的主要时间，也是采集花序的最佳时间。

（2）直接采集　即将撒粉的花序摊在纸上阴干，等到花药开裂后收集。

2. 花粉的贮藏

首先将花粉中的杂质筛出，花粉分装到小玻璃瓶中（花粉总体积占小玻璃瓶总容量的 1/5），用棉花或双层纱布封口，然后在瓶外贴上标签，标明花粉的植物种类和贮藏日期。为保持花粉的生活力，最好将装有花粉的小瓶置于冰箱内或置于装有无水氯化钙的干燥器中，如无以上设备，也可置于装有石灰的箱子内，保持湿度在 25% 以下，放在阴凉、干燥、黑暗处，以便短时期内贮藏。

3. 花粉生活力的测定

（1）形态观察法

原理：直接在显微镜下观察花粉的形态，根据花粉的典型性，即是否具有正常的大小、形状、色泽等为标准，来判断花粉的生活力。若形态正常则表明花粉有生活力，而一些小的、皱缩的、畸形的花粉则不具有生活力。

制片及镜检：用毛笔扫取花粉于载玻片上，在显微镜下观察 3 个不同的视野，要求被鉴定的花粉粒总数达 100 粒以上，算出正常花粉粒所占的比例。

此方法简便易行，但准确性较差，通常只用于检测新鲜花粉的生活力。

（2）固体培养基法

原理：正常的成熟花粉粒有很强的生活力，在适宜的培养条件下能萌发和生长，在显微镜下可直接观察计算其萌发率，来确定花粉生活力。

培养基配制：100 g/L 蔗糖 + 10 g/L 琼脂 + 0.05 g/L 硼酸，溶于蒸馏水中，加热煮沸至融化。

制片：将配制好的培养基放在 40℃ 水浴锅中保温，防止其凝固。用玻璃棒蘸一滴培养基溶液滴在凹玻片的凹槽内，放在阴凉处使其冷却凝固。然后用毛笔扫取微量的花粉，用解剖针轻轻拨扫毛笔，使花粉均匀撒播在培养基上。将制好的片子放在垫有湿润滤纸的培养皿内，贴上标签（花粉名称、操作者姓名和日期），将培养皿置于 25℃ 黑暗处培养 24 h 后，统计萌发率。

镜检：在光学显微镜下观察 3 个不同的视野，求平均值，统计花粉的萌发率。

萌发率 =（萌发花粉数 / 花粉总数）× 100%。

花粉萌发的判定标准是花粉管伸长超出花粉直径。

【实验结果及分析】

形态观察法经过测定后立即可得实验结果，固体培养基法通常需要 1 ~ 3 d 才可观察到结果，结果分别记录在表 8–1、表 8–2。

1. 实验测定记录

表 8–1　形态观察法测定花粉生活力记录表

树种名称	视野	有活力花粉数 / 个	花粉总数 / 个	花粉生活力 /%	平均花粉生活力 /%
	1				
	2				
	3				

2. 实验数据分析

根据测定的数据进行统计分析，哪一种方法对观测花粉生活力有利、测定结果更准确？其原因是什么？将这些问题写成报告。

表 8-2　固态培养基法测定花粉生活力记录表

树种名称	视野	萌发花粉数 / 个	花粉总数 / 个	花粉发芽率 / 个	平均花粉生活力 /%
	1				
	2				
	3				

【作业】

1. 测定花粉生活力的意义是什么？快速测定花粉生活力的方法有哪些？
2. 绘出花粉粒萌发前后的形态图（图 8-3）。

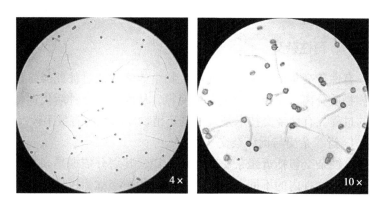

图 8-3　花粉的萌发

【常见问题分析】

显微镜下观察时花粉呈块状，无法对单个花粉粒进行准确计数。

解决方法如下：①对于花药开裂受环境温度影响极大的植物，可在 11—14 时收集花粉，此时花粉已经过阳光照射，花药开裂，花粉已爆出且成粉末颗粒状，可有效缓解花粉成块现象。②采集的花枝，可以先在阳光下晒 10 min，或在恒温箱中 25℃ 条件下轻微烘 10 min，让花药开裂，花粉爆出。③用毛笔蘸取少量花粉，解剖针轻扫毛笔，减少花粉量，以避免花粉成块。

【参考文献】

1. 金星，于忠峰，苗海伟，等 . 辽宁地区油松花粉形态及生活力的测定 [J] . 分子植物育种，2019，17（15）：5115-5119.
2. 赵绍文 . 林木繁育实验技术 [M] . 北京：中国林业出版社，2005.

实验九

林木有性杂交技术

基础知识

一、有性杂交

有性杂交是指基因型不同的生物个体之间通过彼此雌雄配子的结合，使遗传物质分离、重组，产生多种变异，从而扩大杂种后代遗传基础，获得杂种的过程。有性杂交技术是人工创造植物新品种的有效手段。

1. 近缘杂交与远缘杂交

有性杂交包括近缘杂交和远缘杂交，其划分依据是亲本间亲缘关系的远近。同一物种内的不同基因型个体之间的杂交称为近缘杂交。近缘杂交亲本间的亲缘关系相近，容易获得成功，但却导致杂交后代的基因型趋于纯合，杂种优势较小。科、属、种、亚种间的杂交，可以获得较多的变异类型，并且能够丰富植物的基因型和扩大种质资源库，进而筛选有利的变异，这种杂交方式称为远缘杂交。此外，远缘杂交还包括种源地理分布区域较远的杂交。林木杂交育种多为远缘杂交。但由于远缘杂交亲本关系较远，成功率低，杂种容易出现夭亡、结实率不高甚至不育的情况，导致杂交失败。

2. 种内杂交、种间杂交与属间杂交

根据分类方式的不同，有性杂交也可被分为种内杂交、种间杂交和属间杂交。种内杂交属于近缘杂交的范畴，是指同一树种内，不同的品种、变种、种源、渐变群、无性系和个体之间的杂交。种间杂交是指不同树种之间的杂交。属间杂交是指不同属树种之间的杂交。与种内杂交相比，种间杂交和属间杂交亲缘关系较远，因此属于远缘杂交的范畴。

3. 杂种优势

子代在生活力、生长势、抗逆性、繁殖力、品质及产量等方面均比双亲优异的现象称为杂种优势。"自花授粉一般对后代不利，而异花授粉一般对后代有利"的观点最早由达尔文于19世纪60年代提出，这是对杂种优势最早的认识。而杂种优势遗传理论的出现及被广泛关注则是在20世纪初，其中，"显性学说"和"超显性学说"对杂种优势的解释被广泛认可。

二、杂交亲本的选择

杂交育种成功的关键在于亲本选择。因为杂交后代的性状源于亲本，是对父母本性状的继承与发展。在林木杂交育种过程中，我们要先对杂交组合进行选择，然后再对杂交母树进行选择。前者指什么树种被选做父本和母本；后者指用哪个地方的哪一株树作为父本和母本。

1. 杂交组合的选择

在考虑选择什么样的树种进行杂交时，要明确以下几条原则：①达到主要的育种目标；②亲本优点多、缺点少且容易克服，主要性状突出；③选用生态型上有所不同的亲本，或在地理分布上相距较远的亲本；④亲本不仅配合力要好，而且性状要具有较高的遗传力。

2. 杂交母树的选择

由于林木的遗传基础十分混杂，同一亲本的个体间在遗传上存在着显著差异，杂交的效果也会不同，一般来说，必须选用优树作为杂交母树。现在不少地方已建立了优树收集区和种子园，可以利用种子园中的无性系进行杂交。

3. 杂交的方式

在林木有性杂交中，以"♂"表示能够提供花粉的父本；以"♀"表示接受花粉并能发育成果实和种子的母本；用"P"表示亲本双方；"×"表示有性杂交；通常杂交符号前面表示母本，后面表示父本。例如，杂交组合毛果杨 × 欧洲颤杨（*Populus trichocarpa × Populus tremula*），即表示毛果杨是母本，欧洲颤杨是父本。用"F_1"表示从杂交中所得的种子长出来的植株，即杂种第一代；"F_2"则表示杂种第二代，以此类推。

在林木杂交育种中，常常采用不同的杂交方式以达到预期效果。最常见的是选配两个亲本进行一次杂交，当一次杂交不能达到育种目标时，还可以采用回交和复式杂交。

（1）单交　单交是指通过两个不同遗传性的树种或类型进行交配而产生杂种的过程，用 A×B 表示。单交主要适用于两亲本的优缺点能够互补且配合力优良，性状总体上基本符合育种目标的两亲本杂交。A×B 或 B×A 均可以表示单交，若称前者为正交，后者则称为反交。一般来说，林木的正反交效应是不同的，母本往往具有较强的遗传优势，特别是对于单受精的植物。在育种工作中，通常用花期较晚、优良性状多的乡土树种作为母本。此外，还应根据杂交亲本花粉生活力、胚败育等情况，确定两个亲本中哪个作父本或母本。

（2）复式杂交　用两个以上的不同遗传性的树种或类型经过两次以上的杂交称为复合杂交，也称为复式杂交，简称复交。复式杂交的优点：一是集各家之长于一体，二是丰富杂种的遗传基础。复交选育优良品种主要是依据后代群体具有遗传基础宽，变异幅度大的特点。根据亲本数目及杂交方式不同可以将复交分为以下几种：①三交，（A×B）×C；②连续杂交，（A×B）×C×D×…；③双交，（A×B）×（C×D）；④多父本混合授粉，A×（B+C+D+…）。

三、杂交前的准备

1. 熟悉花的结构和开花习性

不同树种花的结构和开花习性不相同，导致杂交工作的安排也会有所不同。为了确保杂交过程中去雄、采粉、授粉和套袋隔离等工作能够准确顺利地进行，应该在杂交之前，对杂交亲本雌、雄蕊的位置、形状、大小和数目等特点有着清楚的认识。杂交亲本的开花习性，包括开花时间、开花顺序、授粉方式以及花粉、柱头的生活力等也必须在杂交前了解清楚。例如，了解亲本何时开花、何时是开花盛期，才能准确判断去雄和授粉的时间。花粉和柱头的生活力是决定去雄后最佳授粉期的关键。

2. 去雄和隔离

双性花杂交之前需去雄，而单性花只需隔离即可。去雄要在花粉成熟之前进行，一般用镊子或尖头剪刀直接剔除花中的雄蕊即可。去雄时有两点要注意，一是要"仔细"，去雄时不能损伤雌蕊，更不能刺破花药。二是要"彻底"，去雄干净，不能有残留，以免引起自花授粉。此外，去雄时所用的镊子、剪刀等工具要常用酒精喷洗消毒，以杀死沾染上的花粉。

去雄后及时套袋隔离，以防止雌花在自然状态下授粉。隔离袋应选用薄而透明且坚韧的材料，以确保雌花有良好的生长发育条件。一般风媒花常用半透明的玻璃纸，而虫媒花多采用细纱布或细麻布制作隔离袋，隔离袋的大小因树种不同而异。套袋时扎缚处用棉花或废纸裹衬，并且最好扎在木质化的老枝上，尽可能避免因风吹枝摇所造成的机械损伤，也可防止外来花粉侵入。

3. 授粉

授粉应选择在雌花开放，柱头分泌黏液时进行。对于阔叶树种，授粉工作一般用棉花球或毛笔蘸着花粉进行。针叶树授粉使用授粉器，或用改装的喉头喷雾器喷射花粉。授粉 1~3 d 后，柱头开始变干，雌球花的胚珠变色、萎缩，说明授粉良好。如柱头仍膨大、湿润，说明授粉不佳，应重新授粉。为保证授粉充足，可隔日再授一次粉。为防止花粉污染，不同杂交组合的授粉应更换授粉器。授粉后应于标牌上注明杂交组合、授粉日期等信息。同时授粉后仍进行套袋隔离，当 3~7 d 后柱头已经萎缩失去再授粉能力时，才可除去隔离袋。但是，如栎类在幼果发育至成熟时容易发生虫害的树种，需再次套上纱袋以避免发生虫害。

实验内容

【实验目的】

通过实验，初步掌握林木有性杂交——树上杂交的基本方法，了解林木有性杂交的特点，掌握林木有性杂交技术及其在育种上的应用。

【实验材料】

处于开花期的洋金凤（*Caesalpinia pulcherrima*）植株。

【实验器具与试剂】

硫酸纸袋、修枝剪、纱布、剪刀、棉花、铁牌、标签、镊子、回形针、铅笔、毛笔、棉签、75%酒精棉球、授粉器、花粉瓶、培养皿、10～15倍放大镜、穴盘、记录本、梯子、营养土、白色塑料薄膜等。

【实验步骤】

1. 去雄和隔离

寻找合适的枝条，剪去已开放的花；留下5～10个大小适宜、即将开放的花苞进行去雄，作为母本。此时柱头与花丝卷曲在一起（图9-1A），去雄时注意区分（图9-1B）；用尖头镊子拨开花瓣，去除所有雄蕊（图9-1C），然后进行套袋隔离。在完成一朵花的去雄后，去雄时所用的镊子、剪刀等工具，要用乙醇浸泡或擦拭，杀灭工具上残留的花粉，防止相互污染。

2. 授粉

选择花朵颜色不同的另外一株洋金凤作为父本，选择刚开放的花朵，摘取花药（花药上有一层黄色花粉为最佳状态），用棉签或毛笔蘸取花粉，均匀涂抹在去雄并开放的母本柱头上，可进行多次授粉，提高授粉成功率。

3. 套袋隔离

授粉完成后，进行套袋隔离（图9-1D），并做好标记，如注明授粉日期、杂交组合、操作者等。之后每天进行观察，记录雌蕊的变化。

4. 收获种子

在果实即将成熟时套上纸袋，以避免种子飞散。待成熟时，将袋子取下，进行脱粒，按组合分别保存，并附上标签，注明授粉期和采种期、杂交组合等，以备播种。

图9-1　洋金凤杂交实验
A. 去除已开放的花朵；B. 去雄前；C. 去雄后；D. 套装

5. 催芽

将种子均匀放在装有滤纸的培养皿中，用水滴湿，盖好培养皿，将其置于室内向阳处，1～2 d 后培养皿中的种子即可发芽。

6. 播种

用营养土填充穴盘，并将发芽的种子播种于孔穴中，覆薄层营养土。为保持穴盘湿度和便于观察，穴盘上面用白色塑料薄膜覆盖，塑料薄膜与穴盘之间距离约为 10 cm。小苗正常生长后，将覆盖物去除。

【实验结果及分析】

实验过程中如操作不当，很容易导致授粉失败。而出现授粉失败的原因主要有以下两点：①母本选择时，选择了未成熟发育的花苞；②去雄时不小心将柱头去掉或损伤柱头。

【作业】

1. 观察描述杂交亲本的花部结构和开花习性。
2. 详细记录杂交过程，如实填写表 9-1。

表 9-1　林木有性杂交记录表

植株编号	去雄日期	套袋隔离数量	授粉日期	授粉方式	授粉树种	取袋日期	采果日期	种子数量	备注

3. 杂交工作结束后，写出杂交工作小结并认真分析成功或失败的原因。

【注意事项】

1. 应选择较大、即将开放的花苞作为母体，不应在未成熟发育的花苞上进行授粉。
2. 去雄时动作尽可能轻柔，避免剪去柱头。
3. 选择晴朗无风的时间段进行授粉，可提高授粉的成功率。
4. 去雄和授粉完成后，套袋要迅速且扎牢。
5. 在整个杂交过程中应做好隔离和记录工作，以便分析实验成败的原因。

【参考文献】

1. 陈学好，成玉富，缪旻珉，等. 黄秋葵开花习性和有性杂交技术［J］. 中国蔬菜，1999（4）：35-36.

2. 王桂梅，冯高，邢宝龙，等. 大豆有性杂交技术初探［J］. 安徽农学通报，2012，18（21）：100，173.

3. 吴坤明，吴菊英. 桉树人工有性杂交的花粉处理和授粉技术［J］. 林业与环境科学，1997，13（3）：5-8.

实验十

木本植物室内切枝杂交技术

基础知识

室内切枝杂交适用于种子小而成熟期短的树种，如杨树、柳树、榆树等。室内切枝杂交是有性杂交育种中常用的技术方法。有性杂交育种是指应用两棵或两棵以上遗传特性不同的植株，在开花时通过人工授粉，获得杂种，进而选育新品种的方法。木本植物树上杂交常因树体高大，操作不便，导致效率很低，且树上杂交安全系数低。而室内切枝杂交技术在操作、管理和观察方面均较为便捷。此外，室内切枝杂交技术还可以把外地的母树集中于一个地方，从而克服花期不遇和产地分布较远的情况。室内切枝杂交技术的过程如下。

1. 确定亲本

杂交亲本的选择通常是根据育种目标确定的，应选择无病虫害且处于壮龄期的优良健壮单株作为亲本。

2. 采集花枝

花枝采集前应学会辨别雌雄株。例如：杨树中侧枝平展，小枝多而细软，树冠开阔的多为雌株；花芽较小，大部分着生在树冠的上部且分布较稀疏。雄株树冠上侧枝较直立、具有稀疏粗壮小枝，花芽大而密。杨树雌花和雄花的形态也存在差异，例如每个花盘仅有一个子房的为雌花芽，而每个花盘中可挤出一团花药的则为雄花芽。实验中应按以下原则对花芽、叶芽加以区别：花芽多为腋芽，粗短肥大，去除鳞片之后可显露出苞芽和花盘，并且芽鳞较少；而叶芽则多为顶芽，尖长，去除鳞片后可显露出幼小叶片，并且芽鳞较多。

（1）采集时间　根据花期综合考虑采集时间，如杨树枝条采集工作多于每年3月份进行，然后在室内进行水培。为确保雌花开放时有充足的花粉，雄花枝应比雌花枝提前3~5 d开始水培。若当年出现暖冬，可在2月下旬进行花枝采集并且移入室内水培。若父本为异地分布且距离较远，可于冬季采集提前贮运过来，与母本同时进行水培处理。

（2）枝条的处理　从选中的母树中上部选取带有花芽，直径1.5~

2.0 cm、长约 100 cm 的枝条，在顶端保留一个叶芽，去除其余叶芽和徒长枝。为了收集大量的花粉，雄花枝应保留全部花芽，而雌花枝则只需保留 3~5 个分布在枝条中上部且发育良好的花芽，每个花枝挂一个标签，注明采集时间、树种等。

实验内容

【实验目的】

通过实验，初步掌握室内切枝杂交的基本方法，为开展杂交育种打下实践和理论基础。

【实验材料】

琼岛杨（*Populus qiongdaoensis*）。

【实验器具与试剂】

硫酸纸袋、剪刀、修枝剪、标签、棉花、纱布、镊子、铁牌、铅笔、回形针、75%酒精棉球、毛笔、记录本、授粉器、梯子、10~15 倍放大镜、花粉瓶、培养瓶等。

【实验步骤】

1. 采集花枝

雌花枝：从已选母本树冠中上部，选取直径 1.5~2.0 cm、长约 100 cm 且无病虫害的粗壮雌花枝条。雄花枝要求从已选父本树冠的中上部选取同雌花枝要求一样的枝条。为便于收集花粉，雄花枝应保留全部花芽；为防止养分消耗过多，雌花枝只需要保留 3~5 个发育好的花芽。每个花枝应挂好标签，做好标记等。

2. 水培管理

为增大枝条的吸水面积和防止空气进入导管，将枝条基部剪成斜口，浸入室内的小坛里。控制温度保持在 20℃左右，并且每隔 2~3 d 换一次水。每次换水时应冲洗枝条切口和清洗小坛，如若切口处出现变色甚至腐烂，应及时于水中剪去一小段。

3. 花粉收集

为保证父本纯正，防止串粉，应采取隔离措施：一是在开花前隔离；二是雄花露蕊后在花序上套纸袋进行隔离。当有少量的成熟花粉开始从雄花序下端散落时，可将花序用干净白纸托住，进行花粉收集（用手轻轻抖动花序，让花粉散落于白纸上），将花粉中的杂物用毛笔弹去。花粉收集一天应进行 2~3 次（最好在上午 10 时、下午 3 时左右进行），花粉收集工作应待整个雄花序全部成熟，花粉散完为止。收集的花粉转入干净的培养皿中，并在培养皿上做好标注（如树种、日期等），然后将其放入干燥器中干燥24 h，再置于 0~5℃冰箱中低温保存。

4. 授粉

授粉工作应在雌花开放、柱头发亮且分泌汁液时进行。授粉时，用毛笔粘取少量花粉于柱头上方轻轻抖动，授粉量不宜过多，柱头上花粉均匀分布即可，并且授粉过程中柱头不能被毛笔触及（授粉最好选在上午 10 时左右）。授粉工作应持续 3~4 d，每日一次，以提高授粉成功率。授粉后应套袋，并挂上标签。

5. 授粉后的管理

为保证蒴果的正常发育，授粉后 3~4 d，即可去袋，以降低采光障碍。授粉后应保持室内通风，并且增加换水次数，温度维持在 25℃ 左右，初期室内相对湿度应高于 85%，后期应高于 60%。为使种子发育健壮，提前吐絮，晴朗无风的天气可将花枝搬到室外 2~3 h，以增加光照。为保证蒴果发育和种子成熟时的营养供应，应将水培后的每个花枝保留 5~7 个叶片，以增强光合作用。

【实验结果及分析】

花期不遇，导致切枝杂交实验失败。

雌花开放较早、雄花开放较晚，导致无粉可授；或者雄花开花较早、雌花开花较晚，花期间隔过长，导致花粉的生活力严重降低或丧失，从而导致授粉失败。因此，实验前我们应清楚物种的花期，了解雌雄株开花时间，做适当调整，使花期相遇，增加实验成功的可能性。

【作业】

1. 如实填写表 10-1 和表 10-2。
2. 记录杂交植物的花部结构与开花习性。
3. 详细记录杂交过程。
4. 在整个杂交过程中应做好隔离和记录工作，以便分析实验成败，并进行总结。

表 10-1　室内切枝杂交登记表

母本名称	采枝时间	枝号	花芽开放日期	授粉树种	授粉期	授粉花序数	采收花粉时期	果实成熟期		果实数	种子数
								最早	最晚		

表 10-2　切枝杂交工作记录表

编号	母本	父本	授粉花果数量	采收果实种子数量	杂交成功百分率

【注意事项】

虽然杨树切枝杂交技术较为简单，容易掌握，但在实际操作过程中仍需注意以下几点：一是雌雄花的花期调整是杨树室内切枝杂交较为关键的一步。雌雄花枝无论是同时采集还是分开采集，在进行水培之前都应计算好雄花开放散粉时间，再确定何时开始对雌株进行水培，以确保雌花开放时有粉可授。此外，花枝采集的时间不宜过早。二是授粉工作要连续进行 2～3 d，以提高授粉成功率。三是在杂交过程中要做好隔离和记录工作。

【参考文献】

1. 刘华岭，丛培荣 . 杨树切枝杂交及播种育苗技术［J］. 中国新技术新产品，2010（5）：227-228.

2. 彭儒胜，董雁，王丙锋，等 . 杨树切枝杂交技术［J］. 辽宁林业科技，2004（2）：45-46.

3. 孙彦珍 . 杨树切枝水培杂交及播种育苗技术［J］. 内蒙古林业调查设计，2009，32（6）：39-40.

4. 孙霞，张鲜明 . 杨树切枝杂交及播种育苗技术［J］. 林业科技通讯，2003（4）：25-26.

5. 王雷，胡海防，薛以芳，等 . 黑杨室内切枝水培杂交育种技术研究［J］. 山东林业科技，2016，46（3）：80-82.

实验十一

木本植物基因组 DNA 的提取

基础知识

一、基因组 DNA

DNA 作为遗传信息的载体，是最重要的生物信息分子，也是分子生物学研究的主要对象，因此 DNA 的提取是分子生物学实验技术中最重要、最基本的实验操作。分子标记的筛选、基因文库的构建、基因分离及遗传转化和鉴定等操作都以提取 DNA 为前提。

要了解 DNA 提取的基本原理，首先要了解 DNA 在细胞中的位置。DNA 和组蛋白组成核小体，核小体再缠绕成中空的螺线管，即形成染色质丝，染色质丝再与许多非组蛋白形成染色体。染色体存在于细胞核中，外有核膜及细胞膜。从组织中提取 DNA，首先必须将组织分散成单个细胞，然后破碎细胞膜和核膜以释放染色体，最后还要去除与 DNA 结合的组蛋白和非组蛋白。

二、木本植物基因组 DNA 及其提取方法

随着 DNA 分子标记技术和重组 DNA 技术的快速发展，制备相对较完整、纯度较高的基因组 DNA 越发重要。由于植物细胞与动物细胞不同，其具有一层坚硬的细胞壁，含有较多的多糖、色素、脂质和多酚等物质，这给植物 DNA 提取带来一定困难，尤其是多糖和多酚类物质不易与 DNA 分开。

相比于草本植物，多年生木本植物的次级代谢产物含量更高，提取高质量的 DNA 难度更大。尤其是大多数木本植物富含多糖、多酚类物质，DNA 提取时常受多酚污染造成 DNA 沉淀物难以溶解或溶液颜色深；多糖污染直接影响基因组 DNA 的限制性内切核酸酶的酶切效果。多酚类、多糖物质的污染会造成酶切、连接等后续实验效果差，甚至导致后续 PCR 没有扩增产物。

在大多数木本植物基因组 DNA 的提取方法中，CTAB 法、SDS 法、高盐法、试剂盒法目前最常用。其中，CTAB 法是一种简便、快速提取植物基因

组 DNA 的方法：先将新鲜叶片放在液氮中研磨至粉碎，再加入 CTAB 分离缓冲液，然后经氯仿 – 异戊醇抽提除去蛋白质，最终得到 DNA。

三、CTAB 法主要仪器与试剂

1. 仪器

（1）微量移液器

（2）水浴锅

（3）离心机　利用离心力将液体与固体颗粒或液体与液体的混合物各组分间进行分层。

（4）电泳仪及电泳槽　电泳仪是实现生物分离的电泳场所，通常由电源、电泳槽、检测单元等组成。工作原理：DNA 带负电，在电场中被正电极吸引而发生移动。不同物质的颗粒在电场中的移动速度不仅与其带电状态和电场强度有关，还与颗粒的大小、形状和介质黏度有关。据此，应用电泳法便可以对不同物质进行定性或定量分析，或将一定混合物进行组分分析或提取单个组分。

（5）凝胶成像仪　凝胶成像仪主要用于蛋白质、核酸凝胶的成像及分析，成像仪系统提供白光、紫外光以及蓝光光源进行拍摄，由系统自带的图像捕捉软件拍摄图像，然后由图像分析软件对拍摄的图像进行分析。

（6）超微量分光光度计　应用分光光度法对物质进行定量定性分析的仪器，常用于核酸定量。工作原理：朗伯 – 比耳定律，即当一束平行的单色光通过某一均匀的有色溶液时，溶液的吸光度与溶液的浓度和光程的乘积成正比。

2. 常见试剂及作用

（1）CTAB（十六烷基三甲基溴化铵）　一种阳离子去污剂，能溶解细胞膜，将核酸和酸性多聚糖从低离子强度的溶液中沉淀出来。

（2）β– 疏基乙醇　抗氧化剂，用于防止酚氧化成醌，避免褐变，可除去酚。

（3）EDTA（乙二胺四乙酸）　螯合 Mg^{2+} 或 Ca^{2+}，抑制 DNA 酶活性。

（4）Tris–HCl（三羟甲基氨基甲烷盐酸）　在 pH 8.0 时，提供一个缓冲环境，防止核酸被破坏。

（5）氯仿　是强蛋白质变性剂，用于抑制 RNA 酶的活性，除去蛋白质。还可将液相和有机相分开。

（6）异戊醇　消除抽提过程中出现的泡沫。

（7）PVP（聚乙烯吡咯烷酮）　酚的络合物，可与多酚形成不溶的络合物来除去多酚，减少 DNA 中酚的污染，同时也能与多糖结合，有效去除多糖。

（8）SDS（十二烷基磺酸钠）　离子型表面活性剂。通过溶解细胞膜上的脂质和蛋白来溶解膜蛋白，进而破坏细胞膜；解聚细胞中的核蛋白；SDS 能与蛋白质结合形成蛋白质复合物，使蛋白质变性并使其沉淀；且能抑制核糖核酸酶的活性，因而在提取过程中，为防止影响 RNA 酶的作用，必须将其去除干净。

（9）无水乙醇　是最常用的沉淀 DNA 的试剂。其优点是可以和水相任意比例混合，乙醇不会与核酸发生化学反应，对 DNA 很安全。DNA 溶液是 DNA 以水合状态稳定存在，添加乙醇后，乙醇会夺去 DNA 周围的水分子，使 DNA 失水而容易发生聚合，因而乙醇是最理想的 DNA 沉淀剂。

实验内容

【实验目的】

采用 CTAB 法提取植物总 DNA，学习木本植物总 DNA 的快速提取方法，了解木本植物总 DNA 的有关特性。

【实验材料】

琼岛杨叶片。

【实验器具与试剂】

仪器与用具：凝胶成像仪、超净工作台、超微量分光光度计、切胶仪、电泳仪、高速离心机、漩涡振荡器、水浴锅（65℃）、研钵、研杵、微量移液器、吸头、离心管、烧杯。

β- 巯基乙醇、氯仿 - 异戊醇混合液（24∶1）、异丙醇、无水乙醇、80% 乙醇、TAE、超纯水等。

CTAB 缓冲液：2 g/100 mL CTAB，1.4 mol/L NaCl，20 mmol/L EDTA，100 mmol/L Tris-HCl，2 g/100 mL PVP（pH 8.0）。

【实验步骤】

1. 向 2 mL 离心管中加入 735 μL CTAB 缓冲液和 15 μL β- 巯基乙醇，即为提取液，放入 65℃水浴锅中提前预热待用。

2. 将提取组织研磨至细粉末状。

3. 将磨好的样品粉末加入提取液离心管中，漩涡振荡 1 min 以上，使样品与 CTAB 缓冲液充分接触，然后在 65℃条件下水浴 10 min，每隔 5 min 取出并剧烈振荡 1 min。

4. 将离心管从水浴锅中取出，向离心管中加入 500 μL 氯仿 - 异戊醇混合液（24∶1），剧烈振荡 1 min 以上，然后以 12 000 r/min、室温条件下离心 5 min。

5. 将上清液转移至新的离心管中。

6. 重复第 4、5 步，注意确保吸取干净的上清液。

7. 将上清液转移至新的离心管中，并加入等体积的异丙醇，将离心管上下颠倒 40 次，将溶液充分混匀后，在 -20℃条件下放置约 1 h。

8. 将样品从冰箱取出，在 12 000 r/min、室温条件下离心 15 min，此时观察到离心管底部出现白色絮状物沉淀，弃去上清液。

9. 向含有白色絮状物沉淀的离心管中加入 500 μL 80% 乙醇，通过移液器抽吸的方式清洗白色絮状物沉淀，随后在 12 000 r/min、室温条件下离心 1 min，弃去上清液。

10. 将 DNA 沉淀在超净工作台中干燥，直至透明状，切忌干燥时间过长，否则难以重新溶解。

11. 用 30～80 μL 超纯水将 DNA 沉淀重新溶解，置于 –80℃超低温冰箱保存。

12. 电泳

（1）电泳胶配制　按 1% 配制（如：30 mL 1×TAE + 0.3 g 琼脂粉 + 0.8 μL Gold View）。

（2）电泳仪设置　U = 80 V，I = 100 mA，电泳时间为 30 min。

【实验结果及分析】

1. DNA 的外观观察

质量较高的 DNA 沉淀为白色，干燥后呈透明状。若干燥后仍呈白色，则含有蛋白质污染；若呈黄棕色，则含有多酚类杂质；呈胶冻状，则含有多糖杂质。

2. 琼脂糖凝胶电泳法

通过琼脂糖凝胶电泳鉴定总 DNA 分子量大小和纯度。

DNA 样品纯度：检测植物总 DNA 时，通常使用 1% 琼脂糖凝胶。植物总 DNA 样品在凝胶成像中呈一条迁移率很小的整齐条带，表明所提样品较纯；如果在溴酚蓝前有弥散的荧光区出现，表明存在 RNA 杂质；若所提取的总 DNA 在琼脂糖凝胶上不能形成清晰的条带，仅弥散一片，则表示 DNA 严重降解（图 11-1）。

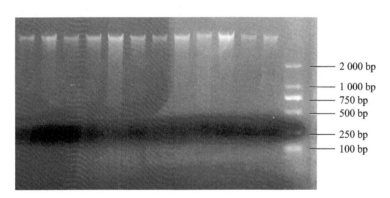

2 000 bp
1 000 bp
750 bp
500 bp
250 bp
100 bp

图 11-1　琼岛杨 DNA 凝胶电泳图

3. 超微量分光光度计法

（1）核酸样品 DNA 含量的测定　由于 DNA 在 260 nm 处有最大的吸收峰，蛋白质在 280 nm 处有最大的吸收峰，盐和小分子的吸收峰则集中在 230 nm 处，故可以通过检测样品的 OD_{260}、OD_{280} 和 OD_{230}，计算它们的比值来判断 DNA 样品的纯度。

（2）DNA 样品纯度判断的标准　$OD_{260}/OD_{280} \approx 1.8$，$OD_{260}/OD_{230} > 2.0$，表示 DNA 纯度较高；$OD_{260}/OD_{280} > 1.9$，表示有 RNA 污染；$OD_{260}/OD_{280} < 1.6$，表示有蛋白质、苯酚等污染。$OD_{260}/OD_{230} < 2.0$，表明有残余的盐和小分子杂质如核苷酸、氨基酸、苯酚等污染。

【作业】

提取基因组 DNA 并用电泳进行检测，分析实验结果和实验成败的原因。

【常见问题分析】

DNA 提取量少，其原因是什么，应如何解决？

1. 材料选择上，应选新鲜或幼嫩的植物组织等，样品材料老化会导致基因组 DNA 含量降低；样品采集后，若不能及时提取 DNA，应立即放入液氮或 –80℃水箱中低温保存，避免 DNA 降解。

2. 样品材料研磨不充分。植物样品应放在液氮中快速充分研磨至粉碎，木质部等较难研磨的样品可借助研磨器充分研磨。注意：研磨时加入的样品材料量过多，也会导致研磨不充分。样品破壁或裂解不充分会导致基因组 DNA 未充分释放，进而影响 DNA 提取量。

3. 提取时加样量过多，裂解液与样品混合不均匀，细胞裂解不充分。

【注意事项】

1. DNA 的二级结构易受强酸、强碱、高温、低盐浓度、有机溶剂、酰胺类、尿素等多种因素的影响，导致双链解开，DNA 变性，因此在抽提时应避开此类因素的影响。

2. 抑制内外源 DNase 的活力。DNase 能使 DNA 酶解成碎片，提取过程中可以通过以下操作抑制 DNase 的活力：①低温操作；②调节 pH 至 8.0；③抽提液中添加表面活性剂；④加螯合剂（EDTA）除去酶的辅助因子（Mg^{2+}）。

3. 防止 DNA 化学降解。过酸、过碱或其他化学因素等易使 DNA 降解，一般 pH 以 8.0 左右为宜。

4. 防止 DNA 物理降解。DNA 分子非常大，当遇到高温、机械张力剪切，甚至试剂快速的流动也会使 DNA 断裂等，因此在抽提时要尽量温和操作、减少搅拌次数，不要剧烈摇动等。

5. 植物的次级代谢产物（多酚或多糖类化合物）对 DNA 提取干扰较大。因此，选取材料时，尽可能使用幼嫩的、代谢旺盛的新生组织，其组织 DNA 含量较高，且次级代谢产物少，易于破碎。

【参考文献】

1. 钱卫东，周颖欣，龚国利，等．三种银杏基因组 DNA 提取方法的比较［J］.陕西科技大学学报，2015，35（4）：117-120.

2. 赵姝华，王富德，张世苹，等．提取、纯化植物 DNA 方法的比较［J］.国外农学–杂粮作物，1998（2）：3-5.

实验十二

木本植物 RNA 的提取

基础知识

一、木本植物 RNA 概述

RNA（核糖核酸）是遗传信息载体，与 DNA、蛋白质一样都是生命活动中重要的生物大分子，是生命现象的分子基础。RNA 在体内的作用主要是引导蛋白质的合成。

RNA 合成的前体是 ATP、GTP、CTP 和 UTP 等 4 种 5′- 核苷三磷酸（NTP）。每个 NTP 的核糖部分有两个羟基，各位于 2′ 位和 3′ 位碳原子上。聚合反应中，以 DNA 的一条链为模板，DNA 链上的 C、T、G、A 分别与 RNA 分子中的 G、A、C、U 配对，一个核苷酸的 3′-OH 基团与第二个核苷酸的 5′-P 基团发生反应，释放焦磷酸，形成磷酸二酯键。几乎每个 RNA 分子都有许多短的双螺旋区域，除了正规的 A—U 和 G—C 碱基对之外，结合得较弱的 G—U 碱基对在形成 RNA 结构中也起作用。二级结构也在单链 RNA 中存在，如形成一条长的双螺旋结构等。

RNA 约 75% 分布在细胞质中，10% 在细胞核中，15% 在细胞器中。细胞质 RNA 主要包括 3 种：①核糖体 RNA（rRNA），占 80%~85%；②转运 RNA（tRNA），占 10%~15%；③信使 RNA（mRNA），占 1%~5%。细胞核 RNA 主要有核内不均一 RNA（hnRNA）及核内小 RNA（snRNA）、染色体 RNA（chRNA）等。细胞器 RNA 主要指线粒体 RNA 和叶绿体 RNA。这些 RNA 统称为细胞总 RNA。

目前，常用的植物总 RNA 提取方法大部分适用于草本植物，对于多数木本植物组织，RNA 提取的量很低甚至无法提取。这是由于木本植物的组成成分和结构特点与草本植物不同。木本植物有更坚硬的细胞壁，除了富含草本植物也有的蛋白质、多糖等杂质外，还含有更多的多酚化合物、木质素、纤维素等物质，这些物质不但制约了木本植物 RNA 的提取率，而且影响后续的逆转录、酶切和体外扩增等实验。对于木本植物而言，总 RNA 的提取是进行分子水平遗传分析和基因克隆研究的关键一环，因而对于木本植物总

RNA 提取的研究应被重视。

二、植物总 RNA 提取方法

植物总 RNA 提取方法包括异硫氰酸胍法、Trizol 法、苯酚法、LiCl 沉淀法（详见本章"四、木本植物 RNA 提取步骤"）、试剂盒法。由于植物材料的复杂性，迄今为止还没有一种方法能够从所有植物组织材料中纯化得到高质量的 RNA。部分植物材料中含有的多糖与 RNA 的理化性质非常相似，因此使用常规方法很难有效地将两者分离。此外，一些植物材料中含有的多酚，容易引起氧化作用变成多醌类物质与 RNA 结合。为了克服这些问题，研究者可以根据不同的研究材料选用适合的提取方法，并进行实验优化。

三、RNA 制备中的关键因素

防止 RNA 酶的污染是 RNA 提取过程中最关键的因素。RNA 酶具有以下特点：①广泛存在，仪器、试剂、尘土、汗液和唾液中均存在 RNA 酶（RNase）；②活性稳定，耐热、耐酸碱，煮沸都无法使之失活，蛋白质变性剂可使其暂时失活，但去除变性剂后 RNase 又将恢复其活性；③不需辅助因子便可发挥活性，二价离子螯合剂无法抑制其活性。

创造无 RNase 的环境可以从去除外源 RNase 的污染和去除内源 RNase 的污染两方面着手。

1. 去除外源 RNase 的污染

①避免手、唾液的污染。戴口罩和一次性手套，并经常更换；②在超净工作台中操作，工作区域应与进行普通微生物实验的区域分开，特别是那些用于细菌接种、培养基和试剂配制的区域，以及用于从细菌和动物细胞中进行 DNA 制备和操作的那些培养基和试剂，通常认为这些区域富含 RNase；③玻璃器皿的处理。用水清洗干净后（建议经高温高压灭菌），烘箱烘干；④塑料用品的处理。尽可能用一次性塑料制品，且吸头和离心管可用 0.05%～0.1% 焦碳酸二乙酯（DEPC）浸泡过夜或 37℃浸泡 2 h，再用 1.2 Pa 高压处理 30 min，以除去 DEPC；⑤降低 RNase 活性。尽量在冰浴中操作。

2. 去除内源 RNase 的污染

在细胞破碎的同时，RNase 也被释放出来，原则上应尽可能早地去除细胞内蛋白并加入 RNase 抑制剂。可以通过以下方法去除内源 RNase 的污染：①加入去除蛋白质的试剂，由于 RNase 为一种蛋白质，去除蛋白质的试剂可非特异地抑制 RNase 的活性。②加入 RNase 抑制剂，如 DEPC 是非常强的核酸酶抑制剂，能与蛋白质中组氨酸的咪唑环结合，使蛋白质变性。

实验内容

【实验目的】

通过从橡胶树木质部中提取 RNA，了解 RNA 提取的原理，掌握传统 CTAB 提取木本植物 RNA 的方法，了解 RNA 纯度的检测方法。

【实验材料】

橡胶树木质部。

【实验器具与试剂】

凝胶成像仪、超微量分光光度计、切胶仪、电泳仪、冷冻离心机、超低温冰箱、漩涡振荡器、水浴锅（65℃）、研磨仪、微量移液器、吸头、离心管、烧杯；β- 巯基乙醇、氯仿 – 异戊醇混合液（24∶1）、无水乙醇、80% 乙醇、TAE、超纯水等。

CTAB 缓冲液：配制方法同实验十一。

LiCl–EDTA：7.5 mol/L LiCl，50 mmol/L EDTA。

【实验步骤】

1. 向 2 mL 离心管中加入 735 μL CTAB 缓冲液和 15 μL β- 巯基乙醇，即为提取液，放入 65℃水浴锅中预热待用。提前半小时打开离心机，预冷至 4℃。

2. 在液氮预冷的条件下，使用研磨仪将橡胶树木质部样品研磨至粉末。

3. 将磨好的样品粉末加入提前预热好的提取液中，漩涡振荡 1 min 以上，使样品与 CTAB 缓冲液充分接触，然后在 65℃条件下水浴 10 min，每隔 5 min 取出，剧烈振荡 1 min。

4. 将离心管从水浴锅中拿出，向离心管中加入 500 μL 氯仿 – 异戊醇混合液（24∶1），剧烈振荡 1 min 以上，然后在 12 000 r/min、4℃条件下离心 5 min。

5. 将上清液转移至新的离心管中。

6. 重复第 4、5 步，注意确保吸取干净的上清液。

7. 将上清液转移至新的离心管中，并向离心管中添加等体积 LiCl–EDTA，将离心管上下颠倒 40 次，将溶液充分混匀后，在 –20℃条件下放置约 1 h。

8. 将样品在 12 000 r/min、4℃条件下离心 15 min，此时观察到离心管底部出现白色絮状物沉淀，弃去上清液。

9. 向含有白色絮状物沉淀的离心管中加入 500 μL 80% 乙醇，通过移液器抽吸的方式清洗白色絮状物沉淀，随后在 12 000 r/min、20℃条件下离心 1 min，弃去上清液。

10. 将白色絮状物沉淀在超净工作台干燥，直至透明状，切忌干燥时间过长，否则白色絮状物沉淀难以重悬。

11. 用 30~80 μL 超纯水将球状物重悬，置于 –80℃超低温冰箱保存。

12. 电泳

（1）电泳胶配制　按 1% 配制（如：30 mL 1×TAE + 0.3 g 琼脂粉 + 0.8 μL Gold View）

（2）电泳仪设置　$U = 80$ V，$I = 100$ mA，电泳时间为 30 min。

【实验结果及分析】

1. 琼脂糖凝胶电泳法

通过琼脂糖凝胶电泳鉴定总RNA分子量大小和纯度，橡胶树RNA凝胶电泳结果见图12-1。

RNA样品纯度：完整的总RNA样品应呈现28S rRNA、18S rRNA、5S rRNA 3条带，其中28S rRNA条带的亮度应约为18S rRNA条带亮度的2倍，表明RNA样品比较完整，降解较少。如果两条带的亮度相反，表明28S rRNA已降解成18S大小。如果无清晰条带，表明样品已严重降解。若在点样槽内或槽附近有荧光区带，则说明RNA样品中有DNA污染。

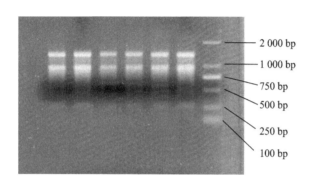

图 12-1 橡胶树 RNA 凝胶电泳图

2. 超微量分光光度计法

（1）样品RNA含量的测定 由于DNA在260 nm处有最大的吸收峰，蛋白质在280 nm处有最大的吸收峰，盐和小分子则集中在230 nm处。所以可以同时检测同一样品的OD_{260}、OD_{280}和OD_{230}，计算它们的比值来判断RNA样品的纯度。

（2）RNA样品纯度判断的一般标准 $1.7 < OD_{260}/OD_{280} < 2.0$，表示为纯的RNA；$OD_{260}/OD_{280} < 1.7$，表示有蛋白质或酚污染；$OD_{260}/OD_{280} > 2.0$，表示可能有异硫氰酸残存。$OD_{260}/OD_{230}$值应为0.4～0.5，若比值偏高，则说明有残余的盐和小分子如核苷酸、氨基酸、酚等。

【作业】

提取总RNA并用电泳进行检测，分析实验结果和实验成败的原因。

【常见问题分析】

提取木本植物组织RNA常遇到的问题和对应的解决方法如下。

1. RNA提取的产量很低或提取失败

可能的原因：一是核蛋白与核酸未能有效分离；二是核酸未能充分溶解到提取液中，离心时与杂质一起沉淀而丢失。为解决这些问题，在提取木本植物RNA时，可将加入材料后的提取液进行温浴或进行强烈的振荡。一般可选有温浴步骤的 CTAB 法，但对于要求避免高温操作的材料，则只能采用剧烈振荡的方法提取 RNA。在振荡前，可在提取液中加入苯酚、氯仿等蛋白质变性剂。根据树种不同，振荡的时间也不同，但通常不短于 2 min。

2. RNA 的降解

为防止木本植物组织 RNA 的降解，在提取时应注意以下情况。

（1）破壁要充分　由于木本植物具有坚硬的细胞壁，在提取其 RNA 时通常用液氮研磨或匀浆方法破碎细胞。但操作时应该注意，破壁要完全、迅速。否则，细胞内含物未释放或未完全释放，会导致 RNA 产量降低，还会因为植物细胞内部结构的破坏而产生内源性降解，降解的 RNA 在后期提取过程中可能被释放出来，进而影响 RNA 的质量。

（2）研磨时间不应过长　长时间的研磨容易使已释放的 RNA 酶产生活性，导致 RNA 降解。因此研磨或匀浆时动作要迅速。

（3）调节提取液的 pH　RNA 酶最适 pH 近中性，应调节提取液的 pH，使其偏酸性（pH = 4.0 ~ 6.0）或偏碱性（pH = 8.5 ~ 9.0），可部分抑制 RNA 酶的活性。

3. 酚类化合物的干扰

通常木本植物含酚类化合物比草本植物多。在木本植物中，阔叶树的酚类含量低于针叶树，幼嫩组织的酚类含量低于老的植物组织。酚类化合物在细胞破碎时被释放出来，容易被氧化而成褐色，即产生褐化现象。这些氧化物可以与核酸不可逆地结合，从而导致 RNA 的活性丧失。

去除酚类化合物常用的方法如下：

（1）还原剂法　在提取 RNA 时，加入巯基乙醇、半胱氨酸、二硫苏糖醇和谷胱甘肽等巯基试剂，可有效抑制氧化反应，避免发生褐化现象。

（2）螯合剂法　提取 RNA 时，加入 PVP 等螯合剂，可抑制褐化。

（3）CTAB 法　以上两种方法仅对褐化较轻者有效，对酚类化合物丰富的植物如柳、冷杉等树种的效果不明显。可采用硼砂作缓冲液，用 CTAB 法（提取缓冲液含 0.012 5 mol/L 硼砂、2% CTAB、1.4 mol/L NaCl、巯基乙醇 0.1 mol/L，pH = 9.0）提取柳、冷杉的 RNA，抑制褐化效果良好。

4. DNA 的污染

去除 DNA 污染常用的方法如下：

（1）DNA 酶消化法　即提取总核酸后用 DNase 消化 DNA，获得纯净的 RNA。此法的优点是去除 DNA 彻底。缺点是提取时间较长，酶解时若操作不慎会引起 RNA 的降解。

（2）LiCl 沉淀法　LiCl 可以选择性地沉淀 RNA，但无法沉淀如 5S RNA 的小分子量 RNA，有时还会有 DNA 污染，需 2 ~ 3 次重复沉淀或用 2 mL LiCl 溶液洗涤 RNA 沉淀。而且残留的 Cl^- 会抑制 RNA 的体外翻译，Li^+ 会抑制 RNA 的逆转录，因此，所提取的 RNA 不能直接用于逆转录或体外翻译。

（3）酸酚变性法　在酸性条件下用苯酚变性 DNA，再离心，使水相中只留下 RNA，该法操作简单，除去 DNA 彻底，是常用的 RNA 纯化方法。

（4）NaAc 选择沉淀法　3 mol/L NaAc 可选择性地沉淀 RNA。该法操作简单、有效，是常用的 RNA 纯化方法。

（5）CsCl 梯度密度离心法　此法分离 RNA 的效果良好，但实验周期长，且需要超速离心机，CsCl 价格比较昂贵。所得的 RNA 不易溶解，因而此法并不常用。

5. 多糖的干扰

多糖在水中的理化性质与核酸相似，特别是与 RNA 相似，故不容易被除去。多糖可抑制许多酶反应，用乙醇或异丙醇沉淀核酸时，多糖也可形成类似于 DNA 的絮状沉淀，此沉淀难溶于水，且密度比 DNA 轻，在电泳上样时很难进入点样孔中或从点样孔漂出。同时，由于多糖和核酸的黏连，电泳时会导致核酸的条带不清晰，严重时会使核酸在泳道上连成一片，无法进行后续实验。

去除多糖常用的方法如下：

（1）取材　老的植物组织一般含有比较多的糖类和其他杂质，所以提取 RNA 的材料应尽可能选取植物的幼嫩部分。

（2）遮光培养或水培　可对植物材料进行一段时间遮光培养或水培，消耗体内的糖类物质，再提取 RNA。

（3）直接钩出多糖法　在对 RNA 沉淀时，如果产生絮状沉淀，则为多糖，可以用钩子取出。但絮状物中也会携带较多 RNA，造成 RNA 产量减少。此法最后收集的 RNA 中仍会有一些多糖。

（4）CTAB 沉淀法　在含有 RNA 和多糖的提取液中加入 1 倍体积的 1×CTAB 沉淀液（含 10 g/L CTAB、0.012 5 mol/L 硼砂，pH = 9.0），此时会产生白色沉淀（CTAB 和核酸的复合物），8 000 r/min 条件下离心 2 min，弃上清液，加 2 mol/L NaAc 500 μL（pH = 5.2），溶解沉淀，再加入 2.5 倍体积乙醇即可沉淀出纯净的 RNA。这种方法提取 RNA 效果良好，但有时会有少量多糖残留，需重复一次上述操作。

（5）LiCl 法　使用 LiCl 沉淀 RNA 可以将大部分多糖留在溶液中。此法可以除去大部分多糖与其他杂质。

（6）2- 甲氧基乙醇抽提法　在浓磷酸存在时，以 2- 甲氧基乙醇抽提核酸提取液，多糖溶解在下层水相，而核酸溶解在上层有机相中。

（7）溴化乙锭抽提法　在提取液中加入 1 倍体积的溴化乙锭溶液（15 g/L 溴化乙锭，50 g/L 乙酸铵），然后加 1 倍体积的苯酚与 1 倍体积的氯仿抽提水相，可除去多糖。

（8）KAc 法　高浓度 KAc 在低温下可以沉淀多糖。向提取液中加入 1/3 体积的 5 mol/L KAc，冰浴 20 min 后离心，即可沉淀多糖。

判断核酸内是否有多糖污染，可使用琼脂糖凝胶电泳检测：正常的核酸条带整齐清晰；有多糖污染的条带不整齐模糊，有拖尾现象，有时在泳道上形成纵向亮带，且泳动速度比正常核酸条带慢。

6. 蛋白质的干扰

排除蛋白质的干扰通常从两个方面考虑：一是分离核蛋白与核酸；二是去除与溶解在水相中的其他蛋白质。实验中常用蛋白质变性剂除去蛋白质干扰。变性剂有两种类型：一类是溶解型，即蛋白变性后仍溶解于水相，如尿素、异硫氢酸胍等；一类是沉淀型，即蛋白变性后形成沉淀，如苯酚、氯仿等，将几种变性剂混用，效果良好。提取RNA 时，先用尿素、异硫氢酸胍、盐酸胍、SDS、Sarkosyl、CTAB 等将核蛋白与核酸分离，再用苯酚、氯仿沉淀变性蛋白质，便可排除蛋白质的干扰。

7. 其他杂质的干扰

其他杂质是指水溶性的非目的产物，其大部分不能被酚、氯仿等溶解或沉淀，也不能被 SDS 等变性剂除掉，但用异丙醇或乙醇沉淀时，可随着 RNA 沉淀下来。向提取液中加 1/2 体积的无水乙醇，冰浴 10 min 后离心，可将包括多糖在内的大部分杂质沉淀下来。

【参考文献】

1. COUCH J A，FRITZ P J. Isolation of DNA from plants high in polyphenolics［J］. Plant Molecular Biology Reporter，1990，8（1）：8–12.

2. 陈小凤，曾奇峰，邓旭，等. 一种大量提取红豆杉中总 RNA 的方法研究［J］. 生物技术通报，2017，33（11）：60–66.

3. FANG G，HAMMAR S，GRUMET R. A quick and inexpensive method for removing polysaccharides from plant genomic DNA.［J］. Biotechniques，1992，13（1）：52–54，56.

4. 顾红雅，瞿礼嘉，明小天，等. 植物基因与分子操作［M］. 北京：北京大学出版社，1995.

5. 李道明，赵玉琪. 实用分子生物学方法手册［M］. 北京：科学出版社，1998.

6. 萨姆布鲁克，弗里奇，曼尼阿蒂斯. 分子克隆［M］. 北京：科学出版社，1992.

7. SCHNEIDERBAUER A，SANDERMANN H，ERNST D. Isolation of functional RNA from plant tissues rich in phenolic compounds［J］. Analytical Biochemistry，1991，197（1）：91–95.

8. 苏拔贤，范培昌，程明哲，等. 生化技术导论［M］. 北京：人民教育出版社，1978.

9. 王玉成，杨传平，姜静. 木本植物组织总 RNA 提取的要点与原理［J］. 东北林业大学学报，2002，30（2）：1–4.

10. 王关林，方宏筠. 植物基因工程［M］. 2 版. 北京：科学出版社，2002.

11. 吴冠芸，潘华珍. 生物化学与分子生物学实验常用数据手册［M］. 北京：科学出版社，1999.

12. 张珂. 白木香茉莉酸类物质合成途径关键酶 AOS1 基因的克隆与表达研究［D］. 海口：海南大学，2015.

実验十三

林木基因扩增与电泳分离鉴定

基础知识

一、基因扩增的基本原理

聚合酶链式反应（polymerase chain reaction，PCR），是模拟体内 DNA 复制过程，在引物指导和酶催化下，在体外对特定模板（如基因组 DNA）进行特异性扩增的一种技术，在分子生物学中应用广泛。PCR 的基本原理是以单链 DNA 为模板，4 种 dNTP 为底物，在模板 3′ 端有引物存在的情况下，用酶延伸互补链，多次循环使微量的模板 DNA 大量扩增。在微量离心管中，加入适量的缓冲液、DNA 模板、四种 dNTP 溶液、耐热 Taq DNA 聚合酶、Mg^{2+} 以及与待扩增的 DNA 片段两端已知序列分别互补的引物对等。反应时先将上述溶液加热，使模板 DNA 在高温下变性，双链解开为单链状态；再降低溶液温度，使合成引物在低温下与其靶序列配对，形成部分双链，称为退火；再升到适当温度，在 Taq DNA 聚合酶的催化下，以 dNTP 为原料，引物沿 5′ → 3′ 方向延伸，形成新的 DNA 片段，该片段又可作为下一轮反应的模板，如此重复，形成模板变性、引物退火、热稳定 DNA 聚合酶在适当温度下催化 DNA 链延伸合成的循环周期，迅速扩增目的基因。

二、标准 PCR 反应流程

标准 PCR 反应体积为 25～100 µL，其中含有：1×PCR 反应缓冲液 [50 mmol/L KCl，10 mmol/L Tris HCl（pH 8.3），1.5 mmol/L $MgCl_2$]；4 种 dNTP（dATP，dCTP，dGTP，dTTP）各 200 µmol；两种引物各 0.25 µmol；DNA 模板 0.1 µg（需根据实际情况适当调整，通常需 10^2～10^5 拷贝的 DNA）；Taq DNA 聚合酶 2 U。

PCR 反应的主要影响因素如下。

1. 循环参数

在标准反应中，双链 DNA 变性需将模板 DNA 加热至 90～95℃，引物退火并结合到互补靶序列上需要快速将温度冷却到 40～60℃，然后将温度升高到 70 ~ 75℃，在 *Taq* DNA 聚合酶的作用下掺入单核苷酸，使引物沿模板延伸。每一步骤从反应达到要求的温度后开始计算时间。

（1）变性　一般 95℃处理 20 ~ 30 s 就可使 DNA 分子完全变性，使双链 DNA 模板裂解为单链。处理温度过高或时间过长会使 DNA 聚合酶活性下降，影响 PCR 的产量。变性温度过低会使 DNA 模板无法完全变性，则引物无法与模板正常结合，导致 PCR 反应的失败。对于含大 G + C 的 DNA 模板应适当提高变性温度。

（2）退火　引物的长度及 G + C 含量决定退火温度，引物长度为 15 ~ 25 bp 时，其退火温度由 T_m 值确定，$T_m = 4 (G + C) + 2 (A + T)$，退火温度为 T_m 值减去 5℃。升高退火温度可提高扩增的特异性；降低退火温度可提高扩增产量。通常退火时间是 20 ~ 40 s，时间太短会使延伸不充分，在延伸阶段容易导致引物从模板上脱落，PCR 反应失败。若待扩增目的 DNA 片段含量非常少，可以在 PCR 前几次循环中通过延长退火时间来促进引物和模板的结合，进而提高 PCR 反应的灵敏度。

（3）延伸　DNA 聚合酶活性的最适温度决定延伸的温度，通常是 70 ~ 75℃。扩增片段的长度决定延伸时间，扩增小于 500 bp、500 ~ 1 200 bp 的 DNA 片段的延伸时间分别是 20 s、40 s，若扩增大于 1 kb 的片段，则需要增加延伸时间。当扩增小于 150 bp 的片段时，可以省略延伸这一步。因为在退火温度下，*Taq* DNA 聚合酶的活性已经可以完成短序列的合成。

（4）循环次数　模板 DNA 的含量决定 PCR 的循环次数，通常循环 25 ~ 35 次，PCR 产物量便达到最大值，进入平台期。此时再增加循环次数，PCR 产物量也不会有显著的变化。平台期是指循环产物的对数积累在 PCR 后期趋于饱和，且伴随 0.3 ~ 1 pmol 靶序列的累积。随着循环次数的增加，一方面，产物浓度积累过高，使产物自身相互结合而不与引物结合，或产物链容易缠绕在一起，降低扩增效率；另一方面，随着循环次数的增加，*Taq* DNA 聚合酶活性下降，引物和 dNTP 浓度下降，此时易发生错误掺入，导致非特异性扩增产物增加。因此，在保证产物量足够的前提下应尽量减少循环次数。

（5）两步 PCR　对于 100 ~ 200 bp 的相对较短的 DNA 片段，可将退火、延伸温度合为一个温度，采用二温式两步 PCR，即 94℃温度下变性 1 min，65 ~ 68℃温度下退火延伸 1 min，就能产生与三步 PCR 同样浓度的产物。这是因为反应混合物在变性温度和退火温度（94 ~ 50℃）之间过渡时，已达到了 *Taq* DNA 聚合酶的最佳反应温度（70 ~ 75℃），在短时间内与模板退火结合的引物已充分延伸形成产物片段。二温式两步 PCR 操作既简便、快速，又保证了引物与模板结合的特异性。

2. PCR 反应体系

（1）*Taq* DNA 聚合酶　*Taq* DNA 聚合酶的浓度是影响 PCR 反应的重要因素，*Taq* DNA 聚合酶在 50 mL PCR 反应体系中的用量是 0.5 ~ 2.5 U，增加酶量会使反应特异性降低，酶量过少又会影响反应产物。此外，不同厂家生产的酶的性能和质量不同，需根据实际情况选用。

（2）引物　PCR 扩增引物，是指与待扩增的目标 DNA 区段两端序列互补的人工合成的寡核苷酸短片段，其长度一般在 15 ~ 30 个核苷酸，包含引物 1 与引物 2 两种。引物 1 也称 Watson 引物，是在 5′ 端与正义链互补的寡核苷酸，作用是扩增编码链；引物 2 也称为 Crick 引物，是在 3′ 端与反义链互补的寡核苷酸，作用是扩增 DNA 模板链。PCR 反应的关键在于引物的序列以及其与模板的特异结合，若引物设计不合理，则会导致 PCR 反应的特异性及扩增效率降低。因此，引物设计的基本原则是在最大限度上提高扩增效率和特异性的同时，抑制非特异性扩增。

设计引物需要遵循以下原则：

① 为了减少引物和基因组的非特异结合，提高反应的特异性，引物序列需要位于基因组 DNA 的高度保守区，并且与非扩增区无同源序列。

② 引物最佳长度为 15 ~ 30 bp，过短或过长都会影响反应的特异性，且引物过长还会增加反应成本。

③ 引物的碱基要随机分布，避免出现多个嘌呤或嘧啶的连续排列，G + C 碱基的含量范围为 40% ~ 75%。

④ 引物内部不可形成二级结构，尤其是引物的末端不可出现回文结构。

⑤ 上下游引物不应有互补序列，尤其是 3′ 端应避免互补，防止形成引物二聚体。

⑥ 引物 5′ 端碱基没有严格限制，在与模板结合的引物足够长的情况下，其 5′ 端碱基可以不与模板 DNA 互补而处于游离状态。因此可在引物 5′ 端加上限制性内切酶位点、启动子序列或其他序列等，以便对 PCR 产物进行分析及克隆等。引物的 5′ 端最多可加 10 个碱基而对 PCR 反应没有影响。

⑦ *Taq* DNA 聚合酶的延伸效率受到引物 3′ 端前 1 ~ 2 个碱基的影响，这直接影响 PCR 反应的扩增效率和特异性，因而选择合适的 3′ 端碱基至关重要。当引物 3′ 端碱基发生错配时，不同碱基的引发效率差异很大：当末位碱基为 A 时，若发生错配则会引发链的合成效率大幅度下降；当末位碱基为 T 时，即便错配也能引发链的合成。所以通常在 PCR 反应中，引物 3′ 端的碱基最好选 T、C、G，不选 A。

⑧ 引物的 3′ 端应该采用简并密码少的保守氨基酸序列，如 Met、Trp，而且不应让三联体密码第三个碱基的摆动位置位于引物的 3′ 端。

⑨ 引物浓度。通常为 0.1 ~ 0.5 μmol/L，引物浓度过高会导致模板和引物的错配，降低 PCR 反应特异性，同时容易形成引物二聚体。引物二聚体是非模板依赖的双链 PCR 产物，主要由 PCR 引物构成。由于反应体系中引物的量远大于模板的量（摩尔比为 10^8 : 1），引物相互碰撞的概率增大，容易形成引物二聚体，一旦形成二聚体，便会被快速扩增，极大可能成为主要的 PCR 产物。一对引物间的 3′ 端互补能促进引物二聚体的形成。即便在低复性温度、高酶浓度、高引物浓度的条件下，只要有足够的循环数（30 ~ 40），任何引物对都能形成二聚体。所以 PCR 引物质量应该高，并且需要纯化。冻干引物在 –20℃ 至少可保存 12 ~ 24 个月，液体状态在 –20℃ 可保存 6 个月。引物保存的温度 –20℃。

（3）dNTP　dNTP 浓度取决于扩增片段的长度。浓度通常是 50 ~ 200 μmol/L，dNTP 溶液的 pH 应为 7.0，且 4 种 dNTP 的浓度要相等。当其中一种浓度明显与其他几种不相同，会导致聚合酶的错误掺入，使新链合成速度下降。dNTP 浓度过高容易产生错误碱基的掺入，浓度过低会降低反应产量。dNTP 可与 Mg^{2+} 结合，游离的 Mg^{2+} 浓度低会影响 DNA 聚合酶的活性。

（4）缓冲液 目前最常用的缓冲液体系为 10 ~ 50 mmol/L Tris·HCl（pH 8.3 ~ 8.8）。Tris 是一种双极性离子缓冲液，用于改变反应液的缓冲能力，增加 Tris 浓度至 50 mmol/L，pH 为 8.9，有时会增加 PCR 产量。反应混合液中，KCl 浓度低于 50 mmol/L 时有助于引物的退火，NaCl 或 KCl 浓度高于 50 mmol/L 时会抑制 Taq DNA 聚合酶的活性。有时可用 NH_4^+ 替代 K^+，其浓度为 16.6 mmol/L。

Mg^{2+} 是 Taq DNA 聚合酶活性所必需的离子。因此，优化 Mg^{2+} 浓度对于反应非常重要。Mg^{2+} 浓度不仅影响酶的活性与忠实性，还影响引物的退火、模板和 PCR 产物的解链温度、产物的特异性以及引物二聚体的形成等。Mg^{2+} 浓度过低时，酶活性明显下降；浓度过高，则导致非特异产物的增加。需指出的是，PCR 体系中的 DNA 模板、引物以及 dNTP 的磷酸基团都可与 Mg^{2+} 结合，降低 Mg^{2+} 的实际浓度。Taq DNA 聚合酶需要游离的 Mg^{2+}，因此，PCR 中加入 Mg^{2+} 的浓度要比 dNTP 高 0.2 ~ 2.5 mmol/L，最好对每种模板和引物都进行 Mg^{2+} 浓度的优化。此外，引物和模板 DNA 原液中如含 EDTA 等金属离子螯合剂，也会使 Mg^{2+} 浓度下降。PCR 反应中 Mg^{2+} 浓度通常是 1.5 ~ 2.0 μmol/L，若在高浓度 dNTP 时或在 DNA 样品中含 EDTA 时进行反应，Mg^{2+} 浓度还需适当增加。

（5）模板 DNA 或 RNA 均可作为 PCR 的模板进行体外扩增。但 RNA 扩增需先逆转录为 cDNA 后才能进行 PCR 循环。模板均需部分纯化，去除蛋白酶、核酸酶、DNA 聚合酶抑制剂以及与 DNA 结合的蛋白质。在一定范围内，模板浓度越大则 PCR 产量越高，但模板浓度过高会增加反应的非特异性。通常采用微克水平的基因组 DNA 或 10^2 ~ 10^5 拷贝的待扩增片段作为模板最佳。

三、琼脂糖凝胶电泳的基本原理

琼脂糖凝胶电泳是一种以琼脂糖凝胶作为电泳支持物的简单、快速分离纯化和鉴定核酸尤其是 DNA 的方法。琼脂糖是从海洋植物琼脂中提取出来的聚合链线性分子。琼脂糖凝胶的孔径比较大，主要用于分离 100 bp ~ 60 kb 的大片段 DNA 分子。

其原理如下：①核酸分子是两性电解质。在 pH 3.5 时，核酸分子带正电荷，在电场中从正极向负极移动；在 pH 8.0 ~ 8.3 时，碱基几乎不解离，磷酸全部解离，核酸分子带负电荷，在电场中从负极向正极移动。②不同大小和构象的核酸分子电荷密度大致相同，在电场中移动时迁移率相差不大，难以分开。但采用适当浓度的凝胶介质作为电泳支持物，可以发挥分子筛的功能，扩大不同核酸分子泳动率差别，进而达到分离核酸的目的。③在一定范围内，DNA 片段在凝胶上移动的距离是分子量的函数，即分子量越大，移动距离越近。因此，通过琼脂糖凝胶电泳对比样品 DNA 相对于标准 DNA 的移动度，便可得知样品 DNA 片段的分子量。

四、琼脂糖凝胶电泳的基本操作方法

1. 仪器设备及材料

（1）电泳装置 由电泳仪、电泳槽、胶床和梳子组成。

（2）稳压电源 电压可变范围 0 ~（300 ~ 600）V，电流可变范围 0 ~（250 ~ 500）mA。

（3）凝胶选择 根据需要选择一般琼脂糖或低熔点琼脂糖。低熔点琼脂糖是指经

化学修饰后熔点降低的琼脂糖，熔点在 62～65℃，融化后在 37℃下可维持液态数小时，30℃时凝固。多用于对染色体 DNA 在凝胶内进行原位酶切、DNA 片段回收和 DNA 小片段的分离。

（4）电泳缓冲液 常用的缓冲液有 TBE 和 TAE 两种。

10×TBE 缓冲液：108 g Tris 碱，9.3 g EDTA，55 g 硼酸，调节 pH 至 8.2，加水定容到 1 000 mL，作为母液保存，使用时稀释。

10×TAE 缓冲液：48.4 g Tris 碱，9.3 g EDTA，11.42 mL 无水乙酸，调节 pH 至 8.2，加水定容到 1 000 mL，作为母液保存，使用时稀释。

（5）Gold View 主要成分为叶啶橙，与核酸结合能产生很强的荧光信号，在紫外透射光下使 DNA 或 RNA 发出绿色荧光。

2. 电泳操作步骤

（1）取出洗净、晾干的胶床与梳子。放胶床于工作台上，将梳子插入胶床上的凹槽内。

（2）取适量稀释好的电泳缓冲液（1×TAE）于洁净的三角瓶中，再加入适量的琼脂糖，摇动三角瓶至琼脂糖粉微粒呈均匀悬浊状，瓶内溶液通常占容器容积的 1/3～1/2。用封口膜封口，防止水分蒸发。

（3）用微波炉加热使琼脂糖融化。注意应随时观察，防止加热时突然产生气泡，使琼脂糖沸出。

（4）融化的琼脂糖冷却到 60℃时，可加入适量 Gold View 核酸染液混匀。

（5）倒入已准备好的胶床内，凝胶厚度以 0.3～0.5 cm 为宜。

（6）室温下放置约 30 min，凝胶固化（如为低熔点琼脂糖应在 4℃凝固）。垂直拔出梳子，去除碎胶，将带凝胶的胶床一起放入电泳槽中。

（7）向电泳槽中倒入电泳缓冲液（1×TAE）至高度超过凝胶表面 1 cm。注意加入的电泳缓冲液应和配制凝胶所用的缓冲液相同，否则会因离子浓度或 pH 不差异而影响核酸的移动。

（8）轻轻推动凝胶，使样品孔充满缓冲液，如发现样品孔内有残留气泡，可用注射器吸除，防止加样时样品随气泡溢出。

（9）用加样器吸取样品，加入样品孔中。注意加样器吸头要轻贴样品孔壁，但不要碰坏孔壁，否则会导致电泳条带不整齐。注意吸取样品的剂量不能超过点样孔的最大承载量。每加完一种样品需要更换一次吸头，防止交叉污染。标准 DNA（Marker）通常加在两侧的加样孔内作为对照。

（10）开始电泳前，应检查凝胶的样品孔一端是否为负极。确认无误后打开电源，开始电泳。约几分钟后，即可看见溴酚蓝指示剂移出加样孔向正极移动，说明电泳正常。电压与电泳时间由样品分子质量大小、凝胶浓度决定。通常 DNA 在 12 g/L 的琼脂糖凝胶中电泳的电压是 120 V，电泳时间 20 min 左右。

（11）当指示剂溴酚蓝移动到凝胶长度 2/3 位置时停止电泳。切断电源，取出凝胶，于紫外线灯下观察，拍照记录。

3. 电泳结果的记录

经荧光染料染色后的凝胶，在暗室条件下，经紫外线灯照射激发即可出现相应的可见荧光，可用肉眼对电泳结果做出初步判断。也可以采用超微量分光光度计直接检测核酸浓度。

实验内容

【实验目的】

通过本实验，掌握 PCR 技术的基本原理与操作，掌握琼脂糖凝胶电泳技术的基本原理与操作。

【实验材料】

琼岛杨 DNA。

【实验器具与试剂】

PCR 仪，移液器，吸头，引物，DNA 模板，*Taq* PCR Master Mix Ⅱ，ddH$_2$O、电泳仪，电泳槽，电子天平，移液器，吸头，微波炉，切胶仪，琼脂糖，1×TAE 电泳缓冲液，GoldView 核酸染液，DNA Marker 等。

【实验步骤】

1. PCR

（1）变性　高温下使双链 DNA 解离成单链（94℃，30 s）。

（2）退火　低温下，引物与 DNA 模板互补区结合（58℃，30 s）。

（3）延伸　中温延伸，DNA 聚合酶催化以引物为起点的 DNA 链延伸反应（70～72℃，30～60 s）。

本实验采用 2×*Taq* PCR Master Mix Ⅱ 产品，20 μL 反应体系如表 13-1 所示。PCR 反应循环的设置如表 13-2 所示。反应结束后，取 5 μL 反应产物进行琼脂糖凝胶电泳检测。

表 13-1　PCR 组成成分

组成成分	体积	终浓度
模板	< 1 μg	-
引物 F（10 μmol/L）	0.5 μL	250 nm
引物 R（10 μmol/L）	0.5 μL	250 nm
2×*Taq* PCR Master Mix Ⅱ	10 μL	1×
ddH$_2$O	补至 20 μL	-

表 13-2　PCR 循环参数

温度	反应时间	循环数
94℃	3 min	1
94℃	30 s	
58℃	30 s	30 ~ 35
72℃	1 min/kb	
72℃	5 min	1
4℃	保持	1

2. 琼脂糖凝胶电泳分离

（1）胶液的制备　取 0.2 g 琼脂糖，放入 100 mL 锥形瓶中，加入 20 mL TAE 稀释缓冲液，置于微波炉中加热至琼脂糖融化后，取出摇匀，用移液器加 0.8 μL Gold View 核酸染液。注意加热时锥形瓶盖好封口膜，以减少水分蒸发避免影响胶液浓度。

（2）胶板的制备　将胶床置于工作台面上，将梳子插入胶床上凹槽内，距一端 0.5 cm 左右。梳子底边与胶床表面间隙 0.5 ~ 1 mm。将胶液小心倾倒入托盘中，使凝胶缓慢地展开，在胶床表面形成一层约 3 mm 厚的均匀胶层，注意避免产生气泡。

（4）室温下静置 20 min 待完全凝固，缓慢、垂直地拔出梳子和挡板，注意不要损伤梳底部的凝胶，移除碎胶后将加样孔朝负极方向放入电泳槽中。

（5）将电泳槽中加入电泳缓冲液（1×TAE），液面高于胶面 1 cm 为宜。

（6）加样　取 4 μL DNA Marker 加入第一列点样孔，取 4 μL PCR 产物用微量移液器直接加入其他样品槽。

（7）电泳　加样结束后，打开电泳仪电源，120 V 电泳约 20 min。当溴酚蓝指示剂移动到凝胶长度的 2/3 位置时停止电泳。

（8）观察拍照　取出凝胶，于切胶仪下观察结果，并拍照记录（图 13-1）。

【实验结果及分析】

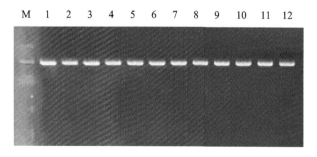

图 13-1　琼岛杨 DNA PCR 产物电泳图

【作业】

PCR 扩增琼岛杨 DNA 片段并电泳检测 PCR 产物，分析实验结果和实验成败的原因。

【常见问题分析】

1. PCR 技术若操作不规范，样品间很容易发生交叉污染，从而产生假阳性。因此，在样品的收集、抽提以及扩增的任何一个环节均要谨慎对待，通常需注意以下几点：

（1）实验时配戴一次性手套，若反应液意外溅出，应及时更换手套。

（2）使用一次性吸头，禁止与 PCR 产物分析室的吸头混用，吸头不要长时间暴露在空气中，防止空气中气溶胶的污染。

（3）操作多份样品时，可统一制备反应混合液，先将 dNTP、缓冲液、引物和酶混合好，再分装，这样可以减少操作次数，提高效率，减少污染。

（4）操作时应设置空白对照和阳性对照，用于检测 PCR 反应的可靠性和扩增系统的可信性。

（5）由于实际操作时移液器易受产物气溶胶或标本 DNA 的污染，操作者最好使用高压处理过的或可替换的移液器。注意在 PCR 操作过程中移液器应专用，禁止交叉使用，特别是 PCR 产物分析所用移液器不能在其他区域使用。

2. 凝胶电泳操作注意事项

（1）缓冲系统　在没有离子存在时，电导率最小，DNA 不迁移或迁移极慢，在高离子强度的缓冲液中，电导很高且产热，可能导致 DNA 变性，因此若进行长时间高压电泳，需要常更新缓冲液或在两槽间进行缓冲液的循环。

（2）凝胶的制备　电泳槽中的缓冲液和凝胶中所加缓冲液应一致；凝胶液配制好后应及时倒入胶床中，防止入胶床前凝固结块；将凝胶液倒入胶床时应动作缓慢，避免气泡产生，影响后期电泳结果。

（3）样品加入量　加样量的多少由加样孔的大小和 DNA 中片段的数量及大小决定，加样量过多会造成加样孔超载，导致拖尾和弥散，对于分子量较大的 DNA 此现象更明显。通常宽 0.5 cm 的加样孔可加 DNA 量为 0.5 μg。

（4）电泳系统的变化会影响 DNA 的迁移，所以电泳时必须加入标准 DNA，通常在追踪染料泳动到凝胶长度的 2/3 部位时停止电泳。

【参考文献】

1. 李立新. 基于花椒转录组序列的 SSR 分子标记开发及种质资源鉴定［D］. 杨凌：西北农林科技大学，2017.

2. 张维铭. 现代分子生物学实验手册［M］. 北京：科学出版社，2007.

实验十四

林木育种田间试验设计

基础知识

在整个常规林木育种过程中，每个环节几乎都离不开田间试验，林木育种的效率和成败更是直接取决于田间试验设计安排是否适当。因此，田间试验设计对林木育种工作的开展尤为重要。

林木育种田间试验是指以林木不同遗传基础的有机体为对象，在野外条件下进行的栽培对比试验。在试验中，要求尽可能花费较少的财力、物力、人力和时间，来获得尽可能多且有效的信息，从而得到较多可靠的结论。试验设计广义上是指包括确定试验处理方案、试验设置、设计方法、小区设计以及相应的资料整理和统计分析方法等在内的整个林木育种试验研究课题的设计；狭义上是指田间试验中的小区设计。

林木是多年生植物，在田间试验中除了具有一般植物的普遍规律外，还有其特殊性：①试验周期长；②林木个体大、根系深，占据地下空间和地上空间多，造成小区的面积加大，因此人们往往很难对地形、土壤、营养、光照以及气候等在内的环境条件进行充分有效地控制；③林木育种多以异花授粉的有性繁殖材料作为亲本，后代变异大，个体间竞争严重；④多年生林木容易造成试验误差累积；⑤对于自由授粉的有性繁殖材料，每年父本花粉的组成有所不同，加上基因型与环境的互作效应，这就要求田间试验设计必须考虑进行时间和空间上的重复；⑥林木育种田间试验大多在山地进行，立地条件变化大，因此立地的局部控制尤为重要，通常要求立地条件具有代表性。林木在野外的条件下，容易发生缺株现象，在试验设计时应考虑另种植一些候补苗木，尽量避免单株小区设计，在数据缺失时容易补救。

一、田间试验设计要求与原则

1. 田间试验设计的要求

林木田间试验的目的是为了通过准确可靠的试验设计，获得真实有效的试验结果，并将其应用于生产实践，以提高林业生产效益。对田间试验的基本要求如下。①目的性：试验目的要十分明确；②可靠性：尽量减少试验误差，以提高试验准确度，获得比较准确可靠的试验结果；③代表性：指试验地的条件（如地势、土壤种类、土壤肥力、气候条件等）和营林措施（如整地、挖穴、施肥水平等）应尽可能与推广试验结果的目的地的条件相似，这对于判断试验结果在目的地条件下的可利用度和可实施性具有重要意义；④重演性：在相同或相似的条件下，通过试验设计应能够再次获得与原试验相同或相似的试验结果，这样才能使林业科学研究成果在生产实践中得到大范围推广。

2. 田间试验设计的原则

通过一整套的调查研究步骤和方法以达到试验目的并获得试验结果的手段，称为试验设计。其中，试验步骤和方法要满足以下 4 点：①对试验中无法消除的误差能够提供计算量；②要使试验中所有的比较和计算量都建立在不偏不倚的基础上；③尽可能地在同一试验内取得更多的有效结果；④在满足以上要求的前提下，尽可能地做到简单易行，节省人力、物力。

前两条是田间试验的出发点，也是最主要的要求。想要满足以上 4 点要求必须遵循田间试验设计的 3 个基本原则。①重复性原则：狭义的重复指一个试验处理在一个试验区中出现一次以上即被称为重复；广义的重复指一个类似的试验，在时间和空间上出现一次以上。一般来说试验结果的准确度随着重复次数的增加而增加，但也要根据实际情况（如试验材料多少、试验小区大小、土壤差异情况、试验准确性的要求等）综合考虑决定重复次数。一般单株小区，重复 30～40 次，甚至更多；少株小区（3～25 株），重复 8～12 次；多株小区（30 株以上），重复 5～8 次。②随机化原则：该原则要求各试验处理具有相同的机会占有一个试验单元，以消除空间或时间上的系统误差，从而能够正确估计试验误差，保证观测值和误差的独立分布，以利于对试验数据进行分析处理。③局部控制原则：局部控制，就是通过分范围、分地段地控制非处理因素，使其对试验产生的影响最小。在试验设计中，区组的划分就是为了对试验地立地条件进行局部控制，即"区组内小区间的环境差异尽量小，区组间可以存在环境差异"。根据上述三个基本原则而作出的田间试验设计，结合合适的统计分析方法，就能准确地估计试验处理效应，并能获得无偏且最小的试验误差估计，从而对各处理间的比较得出可靠的结论。

二、区组和小区设计

简单地说，任何林木育种试验都是在比较中找差别，或是在差别中找产生差别的原因。只有在试验处理之间有可比性的前提下，才能使试验得出正确的结论。如了解林木遗传上的差别，就要在同一环境条件下进行比较；了解同一品种在不同环境条件下的反应，就要使所用的品种材料一致。在田间试验中，要使试验地和试验材料的完全一致是不可能的。但是，通过适当的区组和小区设计可以把一些已知的、无法消除的试验误差减少到一定程度；对那些无法预知的误差，也能经过数理统计的计算和分析定量地计算出来，这就是要对田间试验进行区组设计和统计分析的主要原因。

1. 区组设计

田间试验设计中实行局部控制的基本单位称为区组。理论上，田间试验设计区组内的环境（如土壤、光照等）是一致的，而区组间则可以有较大的差异。因为试验误差是由区组内变异估计的，只有相同的环境才能最大限度地降低试验误差，并且提供真实的误差值；而区组间变异则可以从误差中分离取得。大量农业实践上的田间试验表明，人们期望发现的品种间效应带来的作物产量上的差异往往比土壤效应所造成的差异要小得多。土壤效应严重影响选拔出来的优良品种的真实性。因此，正确地进行区组设计是田间试验设计技术中最重要的一步。

林木育种田间试验在区组设计中要考虑的因素与农业上有很大的不同：①林木田间试验大多在丘陵山地进行，立地条件变化大，局部控制难度加大。②林木生长周期长，难以做"空白试验"，给田间试验设计带来了一定的盲目性。③林木个体大，一株树要据占 $3 \sim 10 \text{ m}^2$ 以上的空间，如果参试树木较多，试验地的范围就要扩大，因此，尽量缩小小区的面积或分群进行试验，以提高准确度。

考虑到以上特点，林木育种田间试验设计区组的划分应注意如下事项：①详细了解试验地前茬情况，力求在前茬林木砍伐之前，确定试验地范围；做好踏查，根据地面上林木的生长情况事先划分区组，务必使所有可察觉的差异限制于区组间，区组内各小区则尽量不存在可察觉差异。若想尽可能提高选系比较的准确度，则区组地段的实际均匀性就越要符合区组内同质的理论假定才行。②如果对试验地的土壤变异缺乏较全面的了解与认识，或并无可察觉差异的地段，则应采用紧凑的区组。因为区组内小区间的距离越近，环境的差异可能就越小，就越容易达到区组紧凑和区组内环境同质的要求。③在林木育种田间试验中，试验误差总是难免的，但可通过合理的区组设计使各处理所承担的误差效应大体均等，从而降低误差，选育出优良品种。

2. 小区设计

在林木育种田间试验中，小区是指每个区组中安排同一处理的地块。由于林木个体较大，小区可以用株数多少来表示。在试验中科学地设计和布置小区的方法称为小区设计。小区设计的主要目的在于无偏估计试验误差和提高试验的准确度。

（1）小区面积 林木育种的类型、阶段、试验地的变异性和试验林日后的用途等对小区面积有着不同的要求。一般来说，在育种工作前期，参试树木数量较多，小区面积可适当小一些；如测试材料均一性较好（如无性系或同一家系等）或立地条件变化不大时，小区面积应适当小一些；试验林日后如果计划改造为实生种子园，小区面积可小一些，有利于改造后保证一个家系或同一号材料在小区中只保留 1 株，以防止同一号材料间的近亲交配，及避免同一号材料去劣疏伐时留下大的林窗，不利于土地利用和授粉工作。在单位面积相同的一块地上，小区面积增大，则重复次数减少，导致区组变大，难以实现局部控制。这时可以通过增加重复次数来缩小土壤差异，比使用较大的小区更为有效。因此，确定小区面积的基本原则是：如果试验地的面积在除去边际影响和没有特殊需要的情况下，能够代表供试材料在一般生产情况下的一个正常群体所需的面积（包含边行和边端）即可作为小区面积，没必要扩大。在林木育种实践中，9 ~ 16 株的中型小区较为常用。近年来，微型小区（2 ~ 4 株），甚至单株小区，也被国内外不少育种家在林木育种试验中应用。Wright 等在美国密歇根州和北卡罗来纳州的试验表明：一个小区栽 1 株树的比栽 4 株树的所获得的统计量要多 20% ~ 30%；一个小区栽 100 株比栽 1 株树所获得的统计量要减少 80% ~ 90%。每一小区栽 1 ~ 10 株的统计量最高。故而小型小区或微型小区目前在美国林木育种田间试验中被广泛应用。

（2）小区的形状和排列 当小区面积被确定之后，就应该考虑小区的形状以及如何进行排列。小区排列方式，因设计方法不同而异。如果小区在区组中按顺序进行排列，则容易产生系统误差，属非正交设计，不能为误差提供无偏估计量，因而不能满足数理统计的基本要求，也无法得到有关的遗传参数，目前应用较少。现在的林木育种试验设计大多采用有重复的随机设计，小区在每个重复区内是随机排列的，可以提高试验准确度，满足数理统计中的方差分析、相关分析等基本条件，为误差提供无偏估计量。但在随机排列试验设计中，要特别注意种植时防止错乱，调查时避免错位，以减少试验误差。

3. 株行距设计

林木育种材料大多是多年生乔木，个体大，试验年限长，在安排试验时应对株行距进行周密设计，以免给试验后期带来难以弥补的损失。从理论上说，育种试验林的株行距要与生产实际中的相似，以确保通过育种试验选育的优良材料在日后推广中具有代表性。但在生产实践中，人工林分需经多次留大伐小的疏伐，这与试验林的疏伐形式不完全相同。试验林采用隔行隔株式的系统疏伐以保持稳定，如果进行随机疏伐，会对试验早期和晚期结果产生影响。

试验林如果不考虑疏伐，育种工作者将面临两种选择：一是降低初植密度，林分久久不能郁闭，林木很长一段时间处于无竞争的状态，这样状态下选育的材料，在生产中能否适应普通造林时的竞争环境值得探讨；二是试验林郁闭后，让林木在竞争环境中生长，这样由竞争所产生的非遗传效应会干扰对试验材料的遗传评价。

4. 试验中的重复及设置

重复有实现误差估计和降低误差的作用。数理统计学研究证明，平均数的误差（标准误）与观察值的标准差成正比，与重复次数的平方根成反比。因此，在一定范围内增加重复次数可以降低误差，从而提高试验的准确度。在林木育种试验中，一般对比试验都至少有两次以上重复，除非是在选种初期因参选材料太少无法进行重复。在 10 次重复的范围内，每增加一次重复都能极其有效地降低试验误差，故在可能的情况下应采用多次重复。

目前有两种技术路线可以有效处理小区面积和重复次数的关系。一种是采用我国许多育种单位育种实验都采用的传统路线，即使用较少的重复次数（大多不超过 3~4 次重复）和较大的小区面积；另一种是 20 世纪 50 年代以来逐步发展起来的，采用较多的重复次数（8~10 次）和较小的小区面积。当大量的参选材料在采用微型小区或单株小区时，仍应安排成紧凑的区组。通过较多的重复次数减小误差，提高准确度，这在理论上是可以接受的。边际影响和选系影响在各小区都不能消除，由此选择的将来用于生产的品种的有效性值得进一步探讨。

5. 对照区设置

林木育种试验中用于衡量参试材料（如种源、家系等）经济性状表现的基准处理称为对照区。林木育种试验，从某个角度来说是一种比较试验，有比较才有鉴别。如果林木育种的目标是在当前商品种基础上选育出遗传增益更高的新品种，则已有的商品种即是新品种选育的最合理对照。不同的测定材料，选用的对照是不同的。林木种源试验的对照组是当地种源，应选用本地分类学上亲缘关系相近的树种作为引进树种的对照。在20世纪70年代以前，一般都只用1个对照品种。而近年来林木育种试验的对照逐渐向着设置多个对照品种的方向发展。较为常见的是一个试验中设置2~3个对照品种，产生这种变化的主要原因有：①已有的商品种往往不是一个，而是各有特色的若干个；②在进行综合性状的对比时，单一对照品种不能满足多方面对比的要求，而且如果该对照品种生长失常，将会给整个试验带来损失；③试验地的土壤差异可以利用对照区进行估计或矫正。在各种增广设计试验中，适宜采用多个对照品种，并且采用多个对照品种估计区组效应比单一对照品种的结果更可靠和稳定。

6. 标志区设置

标志区是指在试验区周围设立的能够明显辨别试验区范围或位置的物体。忽略此项试验设置往往会给试验带来不必要的麻烦。例如：经过若干年，试验区周围林木生长茂密，杂草丛生，没有明显的标志，有时连试验区边界都难以确定；林木生长在野外，受多种天然因素影响，试验区内植株常死亡消失，如没有标志，在调查时容易发生错位。过去标志区用木桩或水泥桩界定，但木桩的使用年限短，水泥桩比较笨重，又不易寻找。因此现在广大林木育种者倾向于应用不同树种在试验区周围种植一圈作为标志区。用作标志区树种的生长速度应大体与试验林木相当，避免因树种间竞争而使标志区林木死亡消失。标志区与试验区同步生长，起到明显的标识作用。

7. 保护区设置

为了使参试材料能在较为均匀的环境条件下正常生长发育，在试验区四周应设立1~3圈以上的同种林木作为保护区，其作用是：①防止边界效应：试验区周边林木与外面空间相接，光照条件较好，生长速率与林内不同；假如试验区紧靠着不同林木的标志区，其周边的林分状态相当于混交林，对试验结果有所影响。②起缓冲作用：对保护区，在试验林木早年定植时可用于补植，具有一定的调节和缓冲作用。

8. 林木育种田间试验设计方法

在山地进行林木田间试验，立地条件变化大，持续时间长，遭受意外干扰的因素多，因此，林木育种田间试验设计方法的选择尤为重要，要求设计具有稳定性和灵活性。当试验发生意外后，不至于造成整个试验失败或容易进行补救，即所谓的稳定性；对试验条件因素进行局部控制后，区组之间可以分开，区组形状也有所不同，即设计的灵活性。

在介绍试验设计之前，先就设计中常用的几个术语概念加以说明。①试验因子：指试验中所考察的对象，也称为试验因素。例如，在以种源为研究对象的试验中，试验因子就是种源。林木育种试验因子主要有引进树种或不同树种间的选择、同一树种内的不同种源、同一种源内的不同林分等。②水平：每个试验因子设定了几种状态或划为几个数量等级称为水平（也称水准）。例如，有5种盐胁迫的试验中，每个盐胁迫包含5个浓度梯度，就称为每个因子有5个水平。③试验处理：指在林木育种田间试验中，对每个因子所采用的具体措施。例如在开展16个家系的遗传测定时，家系是试验因子，而各个家系就是16种不同的试验处理。复因子试验中，每一个因子与水准的组合就是一个试验处理。在上例的 5 种盐胁迫实验中，每种盐含有 5 个梯度浓度，总共包含 25 个试验处理。④试验小区：指安排试验处理的基本单位，只要安排一个处理的都称为试验小区或试验单位，它可以是一块土地、一片林子，也可以仅是一棵树。⑤区组：指环境条件一致并且包含若干试验小区的地块或林子。

（1）完全随机设计　将各处理完全随机地分配给不同的试验小区（或试验单位），每一处理的重复次数可以相等也可以不等的设计称为完全随机设计。完全随机设计较为容易，处理数与重复次数都不受限制，统计分析也比较简单，并且应用了试验设计的重复和随机两个原则。但是完全随机设计在试验环境条件差异较大时试验误差较大，试验的准确度较低，这是因为没有应用局部控制的原则。因此，完全随机设计的应用具有一定的局限性，只有在土壤肥力均匀一致的条件下才能降低试验误差。

（2）随机完全区组设计　林木育种田间试验中最常用的试验设计就是随机完全区组设计。随机完全区组设计中先将试验地划分成若干个区组，再将每一个区组划分成若干个小区，使区组数等于重复数，小区数等于处理数；然后在每一区组的各个小区上独立随机地安排一个试验处理。例如，有 6 种处理、5 次重复的随机区组设计。首先，按随机的原则，采用非重复抽签法或利用计算机随机函数将第一区组（重复）内的处理在所有小区进行随机定位。其次，根据试验地的土壤、地势、地形、肥力等同质性要求，或病虫害侵袭等情况，区划出区组的大小与形状，安置重复，或单行式排列，或多行式排列等形式。若山地有石头、墓地等的阻碍而不能采用规则的区组时，还可以采用不规则的形式，甚至区组与区组可以不在一起。最后，确定了小区在区组中排列后，还要对小区的大小和形状进行确定。

随机区组的优点是：统计计算简单；试验地的选择灵活性高，区组的形状无须完全相同，并且区组与区组还可以不连在一起；比较稳定，因某种原因造成小区缺失时，可以进行补救。缺点是当区组过大时，就会失去区组对环境条件的局部控制，增加试验误差。

（3）不完全区组设计　在林木育种田间试验中，育种工作者大量应用不完全区组设计，其主要原因是：参加试验的育种材料数量往往较多，而山地的立地条件变化又较大，如果把所有的参试处理全部安排在同一个区组中，则难以保证区组内的同质性，此时可采用不完全区组设计。不完全区组设计是一种非正交设计，有多种设计形式，包括平方格子、矩形格子、立方格子等设计，有时因某些条件因素限制，其平衡性也无法保证。

实验内容

【实验目的】

学习林木育种中常见的田间试验设计方法，并能够根据具体的试验目标、试验地条件和特定试验材料安排试验设计。

【实验器具】

皮尺、坐标纸、标尺、全站仪（也可应用经纬仪、水准仪等）等测绘工具。

【试验地条件】

海南大学儋州校区农科基地（根据开设条件可以更新供试材料和试验地）。

【实验步骤】

1. 分析试验地条件以及橡胶树的特性，合理选择试验地。

2. 根据试验处理水平和立地变化情况，设置重复与小区，在地图上标明试验区域、区组排列、小区排列。

3. 将各杂交组合编号，并分配到试验地，绘制试验小区设计图。

【实验结果及分析】

1. 采取哪些综合措施可以有效降低田间试验误差和消除系统误差？

2. 针对不同的试验如何选择合理的田间试验设计，依据是什么？

【作业】

1. 对海南大学儋州校区农科基地进行大比例尺的地形图测绘，比例尺拟定为1 ：（500～1 000）。根据大比例尺地形图进行试验林田间设计，画出设计图。

2. 编制出完整的设计说明书，撰写试验设计报告。

【常见问题分析】

1. 试验地最好选择平地，若没有平地，应选用沿一个方向倾斜的缓坡。

2. 应选择阳光充足、四周有较大空旷地的地段，不宜选择靠近楼房、高树等屏障的地段，以免阴影造成试验小区环境不一致。同时，试验地应与道路、村庄、牧场保持一定的距离，避免人畜践踏。

【参考文献】

1. 韩绍臣. 林木田间试验设计概述［J］. 黑龙江科技信息，2013（25）：292.

2. 梁小军. 农机作业效果田间试验设计研究［J］. 广西农业机械化，2015（5）：23-25.

3. 祝臣. 田间试验设计原则的探讨［J］. 现代农业，2009（5）：53.

实验十五

林木引种计划的制定

基础知识

一、林木引种

将自然分布区外的优良树种引入本地区，通过试验择其优良者加以繁殖推广的工作称为林木引种。不同树种对自然条件有着不同的要求，如果自然条件无法满足，其生长发育将会受到影响。引种时，要考虑生长地的气候条件，尽可能从纬度、海拔高度、土质条件相似的地区引种，同时考虑树种的适应性以及引入地的自然环境、栽培管理条件和环境与管理的可调控性等因素。原产地的生态条件以及系统发育历史上的生态条件都是影响植物适应性的重要因素。

乡土树种是指在该树种的自然分布区内生长的树种；当被栽植到自然分布区外时，则称为外来树种。引种地区对树种的要求即引种目的。林木引种作用明显、收效快、增产潜力大，将有价值的树种成功从国内外引进，可以丰富树种资源，提高木材经济价值，增加物种的多样性，保护自然和美化环境。

二、引种考虑的因素

1. 外来树种在原产地的表现

林木引种要有明确的目的性。选择建筑用材树种，应当考虑速生、树干通直度、材质等；选择纸浆材树种，应当考虑生长速度、木材密度、木质素含量、纤维长度等；为西北地区选择适应性强的灌木，应当考虑耐低温、耐干旱能力；选择木本饲料植物，应当考虑产量、消化吸收状况、营养成分等；选择城市绿化树种，应当考虑是否美观、耐污染、有无过敏源等。虽然林木经济性状与环境条件有密切的关系，但一般而言，在原产地表现低劣的树种，引入新地区后也很难表现出优质、丰产的特性。大量引种实践表明，外来树种在新地区引种成功后的表现与原产地相似。比如日本柳杉引入我国四川等地，仍然表现出生长快、树干通直、中幼林材质优于中国柳杉的特点。

2. 原产地与引入地的主要生态条件比较

若外来树种原产地与引入地生态环境一致，则引种是在其遗传适应范围内迁移，引种容易成功。德国著名林学家 Mayr 提出了"气候相似原则"，指出木本植物能否引种成功，主要取决于原产地气候条件与引入地气候条件是否相似。引种的林木要想正常生长发育，则要求引入地和原产地的气候条件必须尽可能相似。

"气候相似论"对于选择引种对象和确定引种地区有一定的指导作用，可以避免引种的盲目性。但是，它在强调林木引种受到气候制约作用的同时，忽视了环境中其他因子的综合作用，也忽视了林木随气候的改变而导致的适应性差异，即低估了人类驯化林木的能力和林木被驯化的可能性。所以它限制了人们的引种范围。事实上，树种在原来自然分布区的表现并不能完全代表它的适应潜力。如刺槐在美国的自然分布区：西部分布区包括密苏里州南部、阿肯色州和阿克拉荷马州；东部分布区属阿巴拉契山区，从宾夕法尼亚州中部至亚拉巴马州和佐治亚州。原产地降水量充沛，年平均降水量达 1 016 ~ 1 524 mm，7 月平均温度为 21 ~ 26.7℃，1 月平均气温 1.7 ~ 7.2℃。但由于刺槐适应性强，在我国年平均降水量 400 ~ 500 mm 的西北地区也能生长。因此，不能武断地认为，凡与原产地的生态条件有差别的地方，就不能引种成功。事实上，在世界范围内，原产地与引种地的生态条件有差别时也可能引种成功，甚至可能比原产地生长得更好。

着手引种时选择生态条件越接近的两地，则引种成功的可能性越大，因此，在引种前应详细研究外来树种原产地与引种地主要生态条件的相似程度。例如，在中国很难成功引种油橄榄，其主要原因是中国和地中海地区虽同属亚热带气候类型，但气候条件却不完全一致。地中海地区为冬雨型气候，冬季适宜的湿度和低温能满足油橄榄花芽分化的要求，夏季充分的光照能满足其生长需求；而我国南方大部分地区的气候特点是夏季高温多雨，土壤易板结且光照不足，而冬季低温少雨，与地中海冬雨型气候恰好相反，这种气候条件不利于油橄榄花芽的形成。

3. 树种历史生态条件分析

虽然外来树种原产地与引入地现实生态条件相差很大，但仍有可能引种成功，这与原产地的历史生态条件有关。1953 年苏联植物学家库里奇亚索夫提出了植物引种驯化的"生态历史分析法"，他认为一些植物如果把它们引种到别处，有可能生长发育得更好。这是因为它们的最适生长区在经历了地质史上冰川运动后而被强行改变，从而形成现在的分布区。许多林木在漫长的进化过程中，经历过复杂的历史生态条件，产生了潜在的广泛适应性并传递给了后代。尽管引种地区和引入树种所在地的现实生态条件相差极大，但若两地的历史生态条件相似甚至相同，仍然有可能引种成功。如水杉在第四纪冰川期以前具有广泛的遗传适应性，曾分布于世界各地，但最近一次地质变迁时期，气温急剧下降，水杉仅在我国川东、鄂西及湖南龙山县少量遗存，成为"活化石植物"。1946 年被世人重新发现和鉴定之后，世界各国纷纷引种，目前已成为分布范围极广的树种。

4. 树种的适应能力和种内遗传变异

在引种前应充分了解树种的适应性，不同树种适应性差异很大。红杉原产于美国加利福尼亚州和俄勒冈州南部太平洋沿岸地区，其气候特征是冬温夏凉、冬季雨多，多有大雾出现。在不同立地条件引种红杉均以失败告终，主要是因红杉适应性窄。我国银杏由于适应性强，已成功地引种到日本、美国（东部、中部）及欧洲部分地区，引种历史超过一百年。

自然分布区广的树种，在物种内常存在着变异，形成许多地理小种。不同地理小种对生态条件的适应性及表现出来的经济性状是各不相同甚至差异巨大的。因此，不能把某一批种子看作整个物种的代表。在现代林木引种工作中，已普遍认识到不同种源在生长、适应和经济性状等方面存在的差异，因此十分重视对种源的搜集和试验。在制定引种方案前，应仔细分析引种树种在原产地各个种源区的生态条件，摸清不同种源在生长、抗性等方面的表现，以此作为制定引种方案的依据，从而实现引种目标。

三、引种时主要生态因子剖析

林木与作物和果树相比所处的立地条件比较差，经营管理也较粗放，很难大面积采用灌溉、防寒等集约措施。因此，要想成功引种就必须认真分析原产地和引入地的生态环境条件。

1. 温度

通常树种北移的主要限制因素是冬季气温或夏季气温过低，而树种南移的主要限制因素是冬季或夏季气温过高，即南种北引需冬夏季气温不能过低，北种南引需冬夏季气温不能过高。不适温度对外来树种的不良影响大体可以归结为两个方面：一方面，温度条件不能满足生长发育的基本要求。极限高温或者极限低温都会造成外来树种受到胁迫或死亡。另一方面，当温度等条件不适宜时，外来树种虽能正常生存，但是花、果实的形成和发育受到影响，最终不能表现出其经济价值。

与高温相比，绝对低温对树木引种的影响更大，往往是一个树种生存的主要限制因素。如意大利 1-214 杨生长快但不耐寒，将其引入齐齐哈尔市，耐受不了 −35℃的低温而冻死。除考虑极限温度外，还应注意降温和升温的速度、低温持续时间等。如蓝桉不能忍受持续的低温，但可忍受 −7.3℃的短暂低温。

霜冻（早霜和晚霜）也严重影响树木的生长发育，特别是晚霜多发生在树液萌动、芽苞开放、树木生长的初期，因此危害更为严重。北方树种打破休眠所需的临界温度低于南方树种，引入南方后可能因萌动早而易遭晚霜伤害。

北方树种南移的主要限制因素是高温。当温度高达 30 ~ 35℃时，一般落叶树种生理过程就会受到严重抑制；达到 50 ~ 55℃时，则会对树种造成伤害。在水分供应不足时，高温常造成树木早衰，树皮由于受热不均造成局部受伤或日灼。南方高温多雨、空气湿度大，易滋生病虫害，严重限制我国北方树种南移。华北平原地区高温和干燥的气候条件不适于冷杉、云杉、桦木生长。华南地区夏季温度高、持续时间久，致使原产澳大利亚南端塔斯马尼亚州的蓝桉在我国昆明、成都地区生长较好，但在华南地区表现不佳。除此之外，雪松、油橄榄在两广地区生长不良，也与夏季高温有关。

2. 日照

不同纬度的日照长度不同。除赤道外，纬度越高一年中昼夜长度差别越大，夏季白昼时间越长，冬季白昼时间越短；而在低纬度地区，夏季白昼的长度比冬季增加不多。这种现象导致北方树种和南方树种的生态类型恰好相反，前者为长日照、短生长期；后者为短日照、长生长期。当南树北引时，随着日照时间的加长，常导致树木生长期延长，从而减少树体内养分积累，妨碍组织的木质化和越冬前保护物质的形成，导致树木抗寒性降低，容易遭受秋天早霜的伤害。当北树南引时，由于日照长度缩短，会出现枝条提前封顶的现象。如北方的银白杨、山杨等引种至南京，则表现出封顶早、生长缓慢且病虫害频繁的现象。但是，不同树种对光周期的敏感性是有差别的，因此日照对引种的影响还要就树种而论。

3. 降水量和湿度

植物分布的主要决定因子是降水量与湿度，这也是决定引种成败的关键因素之一。只有在采取灌溉措施的前提下，才可能将湿润地区的树种成功引种到干旱地区，否则很难成功。如黄河流域在湿度比较大又注意灌溉的地区，大量引种毛竹获得成功；而在大气湿度小的地区，毛竹落叶枯死。雨型也与引种成败有密切关系。我国华南、华东亚热带地区是夏雨型，从冬雨型的地中海地区和美国西海岸引种油橄榄、海岸松、辐射松难以成功，而引进夏雨型的湿地松、加勒比松则生长良好。外来树种能否正常生长与空气湿度有很大关系。辐射松在原产地病害并不严重，但引种到夏雨型地区，因夏季高温高湿易遭受病害而死亡。

4. 风

风是引种成功的关键影响因子之一。巴西橡胶原产于赤道附近的高温、高湿、无风地区，引种到我国海南岛无风地区，生长良好。但是引种到容易受台风影响的广西和广东沿海一带，多不成功。台湾地区的海岸多用木麻黄防风造林，在建造之初，要设防沙篱等固定飞沙，否则很难成功。又如北方城市引种南方绿化树种时冬季要设置防风屏障，确保成功越冬。

5. 土壤条件

树种的分布还会受到土壤的含盐量、pH、土壤水分、透气性及土壤微生物的影响。其中，土壤酸碱度和盐类物质含量是影响树种引种成败的主要因素。如碱土地多分布在我国华北、西北地区，酸性土主要分布在华南地区，盐碱土或盐渍土则多分布于沿海低洼地带。不同树种对土壤酸碱度的适应性有所不同。在表层土壤含盐量 0.20% ~ 0.30%、pH 为 9.0 的地方，胡杨等树种可以正常生长。而欧美杨无性系只适宜在表层土壤含盐量 0.10% ~ 0.15%、pH 为 6.5 ~ 7.5 的土壤上栽培。

土壤含水量、通气状况也影响引种的成败，如日本落叶松在黏重土壤上因排水不良而生长受限。1962 年吉林省双阳县发生水灾，林地积水 20 多天后，大部分杨树都能正常生长，只有小青杨全部死亡。因此，引种时也要考虑引种地的土壤含水量及树种适应能力。

引进树种需要适应多种生态因子构成的综合生态环境，而不仅仅是个别生态因子的适应。在引种时，既要对各气候因子进行单个分析，又要综合考虑。在生态环境中，生态因子对引种成败的影响常有主次之分，但是起主导作用的生态因子也是和其他生态因子相互联系的。如南树北引时，低温往往是引种的主要限制因子，同时生长季节的温度、光照、降水量的分布也会有一定的制约作用。在树种生长发育的不同时期，起主导作用的因子也可能不同，必须具体分析。

四、引种计划

在充分肯定引种正确性的基础上，明确阐述引种计划所包含的5个方面：①引种的必要性。引种树种的材用、观赏、绿化、生态作用等栽培价值；分析引入地区相关树木栽培利用现状、预测未来需求，以及在本地区引种成功后带来的经济、社会、环境效益。②引种的可能性。阐述引种植物的生物学特性、潜在的适应性和系统发育历史；阐述引入地与引种植物自然分布区、栽培区、引种成功地区的地理、气候、土壤条件及植被组成等，还应注意引入地的灾害性天气；通过分析比对，找出引种的主要制约因子，论证引种成功的可能性。③确定适宜的采引地、引种时间、采种方式、引种材料等。④制定相应的引种栽培措施。⑤对引种计划中暂时还没有收集到的资料加以说明，并对引种后可能出现的问题加以讨论。

五、引种程序

引种程序包括外来树种选择、种苗检疫、登记编号、引种试验到摸索驯化措施，直至成为当地栽培树种的全过程。

1. 外来树种的选择

要根据引种目的，通过分析确定引进什么树种，从何处引种。应全面考虑整个植物生态环境，从生态条件相似的地区选择引种材料，综合分析地理生态因素与树种的生物学特性，确定引种对象。此外，要特别注意外来树种潜在的危害。引种前，应进行充分论证及科学的风险评估，研究分析引入物种与当地原有物种的依存和竞争关系，要充分评估其对当地环境的影响。

2. 种苗检疫

引进外来树种时必须经过严格的植物检疫和试种观察阶段，否则会导致本国或本地区原本没有的病原菌或昆虫侵入，并且由于缺乏天敌而形成危害很大的森林病虫害，这不仅导致引种失败，还会对乡土树种资源造成危害，国内外均不乏例证。因此，要严格执行国家有关的动植物检疫规定，按照规定和程序进行引种申报，引种材料经检疫合格后方可引进。

3. 登记编号

一旦收到引进树种材料，就应进行详细登记。登记内容主要包括树种名称、来源、材料种类（苗木、种子等）和数量、收到日期及收到后采取的处理措施等。如果引种材料是杂种，应登记亲本名称。

4. 引种试验

（1）初试　通过比较引入树种在引入地区的生态适应性表现，将表现差的树种（种源）和不适于引入地环境条件的树种直接淘汰，初步选出引种成功可能性比较大的树种，对外来树种的基因资源进行收集，并加以保存和研究。对生长量、经济价值、防护效能、抗性等方面性状表现好的树种，可进一步扩大试种。为了防止外来有害生物入侵，初试要求在隔离试种区进行。对此，我国已建立12个隔离试种苗圃和160个普及型国外引种试种苗圃。

（2）区域性试验　区域性试验的目的是进一步了解各引进树种（种源）的遗传变异及其与引入地环境条件的相互作用，比较、分析其在新环境下的适应能力，研究栽培技术，发生的主要病虫害及防治措施，评选具有发展前途的树种（种源），初步确定适生条件与范围。区域性试验应是多点试验。外来树种的天然种群内往往存在许多变异类型，这些不同的变异类型可能要求不同的立地条件。各变异类型只有生长在最适宜的立地条件下，才能获得最大效益。澳大利亚曾在昆士兰州沿海低地红壤、砖红壤及腐殖土上引种加勒比松，结果发现在前两种土壤上年平均材积生长量比腐殖土上的高30%以上。

（3）生产性试验　经过区域性试验成功的树种，必须进行生产性试验后才能进行大面积推广。在一定面积的土地上，按照常规造林的方法和生产上允许的技术措施，进行生产试种，以确认入选树种的生产力，对满足引种目标需求的树种可申请鉴定和推广。为了保证适地适树，生产试种应继续进行区域栽培比较试验，并具有一定的生产规模。生产性试验往往会被人们所忽视，但其重要性并不亚于前两个阶段的工作。因为小面积栽培与大面积栽培条件往往不能完全一致，区域性试验的面积与布点不可能完全代表引入地环境的各种条件，尤其是一个造林树种的栽植面积越大，其环境条件往往越复杂。此外，仅通过1~2次试种不容易摸清外来树种的特性，常常会出现意料不到的新情况，甚至在推广过程中还会出现新的问题。

（4）鉴定与推广　引种树种的经济价值、生产上的使用价值、适生范围以及栽培措施等都需要进行鉴定。林业部门和生产单位在鉴定工作完成且合格之后，可在指定区域内推广引种树种。引种成果要及时鉴定和推广，同时要坚持未经鉴定不能推广的原则。一般来说，只要按引种程序和各阶段的要求进行试验，就符合鉴定的要求，但要作为良种使用，还要经过审定。

六、引种成功的标准

林木引种成功的标准是：①能适应当地的环境条件，不需要特殊的栽培、保护措施就能正常地生长和发育；②保持其原有的经济性状，提供的产品数量和品质能达到原产地的平均水平；③能够按原有的繁殖方式正常繁殖，并能保持其优良性状；④引入后无不良生态后果，如不占据生境，抑制乡土树种生长等。

实验内容

【实验目的】

通过制定林木引种计划（图15-1），加深对引种驯化原理与方法等理论知识的理解，熟悉引种工作的各项环节，能够通过分析引种树种原产地与引入地的气候与立地条件，寻找引种的主导因子，有效地采取措施解决林木引种驯化中出现的适应性差、生长发育慢、性状退化等问题。

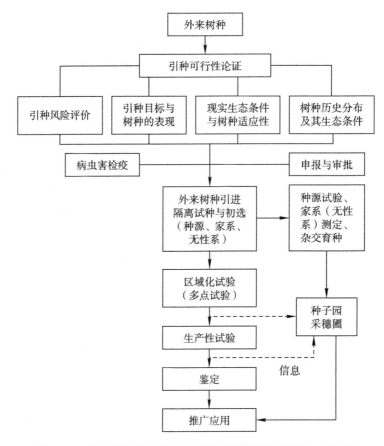

图 15-1　林木引种基本程序图（引自陈晓阳和沈熙环，2021）

【选题及资料来源】

1. 选题

依据儋州地区的自然条件、栽培条件和林业产业体系对林木经济价值的要求、当地经济对林木产品的市场需求等，以儋州地区为引入区，选择合适的树种作为引种对象，制定林木引种计划。

2. 资料来源

①图书馆图书资料、学校购买的中英文资源平台、开放性网络平台、计算机及有关软件、表格纸等；②儋州地区引种环境的实际情况。

【实验步骤】

对引种材料原产地及引入地的具体资料进行收集和分析，比较两地立地条件的相似性与差异性；分析引种材料的适应范围及潜力，进一步引种目标的正确性与引种的可行性；分析引种的技术关键及采取的策略，制定合理的引种计划。

1. 收集（或调查）并整理以下方面的资料：①收集有关引种树种的分布、经济价值、栽培意义、生物学特性及系统发育历史等方面的相关资料，栽培利用或研究中报道的种内变异类型及其生物学特性、经济特性；②对引种树种原产地的地理、气候、土壤等生态立地条件资料进行收集和分析；③对儋州地区林业生产区的地理、气候、土壤、植被组成等生态立地条件资料进行收集和分析；④收集分析待引树种在国内外引种历史上成功和失败的资料。

2. 分析对比原产地和引入地立地环境条件的相似程度、栽培历史及栽培管理措施、经济发展水平。如纬度、海拔、地形地貌特征、气候因子（温度、光照、水分）、植被类型、组成及特点，以及栽培历史、栽培管理技术、经济发展水平等。

【引种计划制定的要求】

1. 本实验为模拟练习，可到图书馆、资料室、计算机房查阅有关资料。选择一份引种实验报告作为素材，按照课堂讲授的引种理论及模式，收集资料，分类整理，阐述在儋州地区引入引种树种的必要性。

2. 针对引种树种的生物学特性、原产地（自然分布区）与儋州地区地理、生态因子的对比分析，提出引种的依据，论证引种成功的可能性。

3. 根据儋州地区的经济发展及栽培管理水平，拟定出相应的引种（驯化）栽培技术和关键措施。

4. 引种计划要有明确的引种试验计划和技术路线，并对关键技术问题和解决策略进行分析论证；拟定的引种栽培措施符合儋州地区的经济发展和栽培管理水平，符合引种树种的习性要求。

【实验结果及分析】

收集真实有效的原产地和待引入地相关信息，并进行充分的比较分析。初步制定的引种计划要在小组内多次论证，以及应如何改进不可行之处。

【作业】

各组协作收集资料，讨论分析，每组独立完成一份引种计划。

【注意事项】

1. 引种必须坚持"长期试验、逐步推广"的原则

引种试验工作就是为了检验一个树种能否在生产中推广。如果不经过试验就在生产中推广，不仅浪费人力物力，还可能对环境造成不可控的伤害。一个外来树种引种完全成功需要经过几个世代的长期考验。在兼顾试验和生产需要的前提下，通过几轮试验后初步选定的外来树种，可逐步扩大试验面积，继续进行试验。

2. 重视引进外来树种的种内差异

同一外来树种不同种源在生长和适应性方面存在差异，以前的引种工作时常忽视种内的变异，致使引种效果不理想。在引种时，如果没有种源选择，便不可能有效地开展引种工作。

3. 要通过多种立地条件检验来自同一地区的种源

温度、土壤湿度等的显著差异受不同地形的显著影响，关系着引种的成败。引种时应该遵循"适地适树"原则。

4. 加强引进树种的检疫工作

一定要严格按照植物检疫制度，对引进的树种进行检验。引进已被检疫对象感染的树种或从感染地区引种时应特别审慎。

5. 采取最适宜外来树种的栽培措施

如南树北引时，施肥宜在每年生长早期，后期不宜施肥和灌溉，对 1 ~ 2 年生的南方树苗，冬季可设置防风障或埋土；北树南移的树种，为防止高温胁迫，夏季应适当遮阴。

【参考文献】

1. 陈晓阳，沈熙环.林木育种学［M］.2 版.北京：高等教育出版社，2021.

2. 李静，尚洪学，高立刚.林木引种技术探讨［J］.林业科技情报，2007，39（4）：9-10.

3. 李振誉.林木引种值得注意的几个问题［J］.林业实用技术，1991（5）：29-30.

4. 秦宏伟，才爱华.林木引种技术的探讨［J］.科技致富向导，2012（3）：296.

5. 张德全，石敬爱，孙景民，等.关于林木引种技术的探析［J］.防护林科技，2005（S1）：104-105.

実验十六

林木优树的选择

基础知识

一、优树的概念

优树是指在树龄相同或相近、立地条件一致的人工林或天然林中，生长突出、品质优异、抗性强的单株。优树选择是在环境条件相对一致的基础上，按照选优标准和目的进行表型个体的选择。随着树木遗传改良的发展，优树选择概念又增添了新的内涵。例如通过子代测定，在优良家系内选择优良个体；通过林木种源试验，在优良种源中选择优良个体；通过双亲配合力测定，在选出的优良杂交组合中选择最优的个体。这些方式选出的优树称为正向选择的优树。而从现有林分中选出的优树，经过子代测定评选优良家系来评价亲本优树，即"精英树"，称为逆向选择的优树。

二、优树的标准

优树的标准随树种、选种目的、选种方法的不同而异，主要包括数量指标和质量指标。数量指标指能定量测定性状的标准；质量指标指除生产量以外的影响优树出材率、材质的形态生理学指标，通常分为干形、分枝习性、冠形、材性、内含物含量等五大类。

1. 用材树种

用材树种一般要求优树必须是速生丰产、单位面积产量高的个体，目前常采用树高、胸径、材积生长量对我国用材树种的数量指标进行衡量。生长量指标有相对生长量和绝对生长量，相对生长量是指候选树与对比木的相对比值，是一种相对指标。

用材树种选优的形态质量指标一般包括：①林木干形圆满通直，形率不低于平均木或优势木平均值；②树冠匀称，冠幅较窄（树冠越大，则单位面积上成材株数越少，产量越低），侧枝较细，顶端优势强；③主干单一，枝条良好，枝痕平滑，树皮裂纹直；④抗性强，树木健康无病虫害，无机械损伤。有些优树材积的数量指标无法达到上述标准，但树高突出、材质优异、抗性特强者，材积比可以适当降低。

2. 经济林树种

对于经济林树种应特别注意优良类型和农家品系的选择，选优方法包括试验对比法、平均木产量比较法（相当于优势木对比法和平均木法）、绝对产量评选法（单位树冠面积产量）。具体的数量指标因树种和地区条件的不同而有很大的差异。

经济林优树选择一般以进行不少于一个生产周期的产量指标的连续观测。如油茶优树的数量指标要求根据树冠计算三年平均产量，每平方米的鲜茶果不少于 1 kg，每平方米最低年产果量不少于 0.5 kg，或每平方米产油 0.06 kg 以上，最低年产油量不少于 0.03 kg。

形质指标：①产品品质优良，如木本粮油树种壳或果皮薄，有效成分含量及出籽率高；②发枝力强，果枝比例大，育性好，树形整齐，树冠开阔、果大、品质佳等。

三、优树的选择方法

优树选择的方法常因地区条件、树木性状、树种的生物学特性的不同而异，主要包括对比木法、标准地法、绝对值评选法、回归法、生长过程表法、生长率法、综合评分法、选择指数法等。下面介绍几种主要方法。

1. 对比木法

候选树与同一林分中最邻近的平均木或长势最好的单株进行树高、干形、胸径、分枝角等指标的比较，候选树必须是其中一个或多个性状中的优势者，这种方法为对比木法。这是一种用相对值评定的方法，目前通用的对比木法主要有以下 2 种。

（1）优势木对比法 在生长环境相对一致的条件下，以候选树为中心，在其 10 ~ 25 m 的半径范围内，选出 3 ~ 5 株仅次于候选树的优势木。测量并计算选出优势木的平均树高、胸径和材积。当候选树生长量指标达到优树标准时，即可进行形质指标的评定，两项指标均符合要求者，入选为优树。使用优势木对比法调查的结果比较准确，因为该法不受人工间伐、林木间竞争等的影响，且效率较高。

（2）平均木法 以候选树为中心向四周区域展开，若在坡地上可呈椭圆形，其长轴与水平方向平行，对其范围内的 30 ~ 60 株林木（不管大小）进行每木调查，对胸径、树高等性状进行测量，求出各指标的平均值，即平均木。通过与平均木进行比较，把符合标准的候选树入选为优树。使用平均木法时，测量的株数越多，则平均木值越接近于总体平均值，得出的计算结果也越可靠。但随着测量株数的增加，工作量也越来越大，而准确度提高有限，所以该方法观测株数以 30 ~ 60 株为佳。在林分郁闭度不同或经过择伐的林分中，平均木法得出的平均木与候选树各指标的比值变动较大，因而会影响优树的评定效果。

对比木法最显著的特点是把候选树与其生长一定区域内的对比木进行比较，在生长环境条件相似的情况下，衡量出遗传性的优劣。现有的优树评选工作，大部分都是在同龄林中进行的，此过程简单，无须校正，但如果在异龄林中选优，必须经过校正后才能对其进行比较，校正值可通过下式计算：

校正值 = 优树材积 − 优树相当于优势木（或优树）树龄时的年生长率 × 相差树龄。

2. 绝对值对比法

在实际选优工作中使用相对值评定法有时会存在困难，如：①候选树附近没有同龄树木；②候选树被大树或被压木围绕；③候选树生长的小区环境条件与周围的树木有差异或明显不同。这些情况下，尤其是在天然林中选优，可采用绝对值评定法。绝对值评定法主要是由当地林木的生长过程表、地位级表、林区产量表和表示单个性状或多个性状相结合的分布表决定的。根据这些表格，确定某一地位级、某一龄级优树的树高、胸径和材积年生长量的最低标准即为优树标准。凡达到或超过最低标准者，皆可入选为优树。

通过绝对值评定法入选的优树往往都出现在最好的立地条件上，遗传变异很显著。Squillace（1967）、Robinson 和 VanBuijlenen（1971）提出改进的方法，即把绝对值与立地条件相结合来考虑优树是否入选。过去在编制立地指数表或生长过程表时，往往按树高来划分立地条件的优劣，而不是按土壤条件进行划分，常造成很大的误差。另外，树高除受环境影响外，遗传等因素对其影响也较大。

3. 标准地法

标准地法是根据生物统计学的原理而制定的，通过在候选树周围对标准地进行设置，然后进行树木调查，最后计算各选择性状的标准差和均值。优树的性状值必须超过性状均值 3 倍标准差以上。一般来说，树木多数数量性状大都呈正态分布，如果候选树超过 3 倍标准差，其可靠性为 99% 以上，与平均数相比差异达到极显著水平。标准地法通常要按测树学要求设立标准地（标准地面积为 667 m² 或 200 株林木），工作量较大，且计算比较烦琐，故很少采用。

4. 综合评分法

综合评分法是首先对各项指标、各个级别的重要性进行评估，分别规定其评分标准（表 16-1），然后根据各项指标的评分累计值，对树木表现型的优劣程度进行全面衡量，并填写优树质量评分表。当 9 个项目的平均分不低于 4 分，并且总评分高于对比木的平均分才可被选为优树。

表 16-1　优树质量评分表（引自赵绍文，2005）

项目	指标	得分值				
		5	4	3	2	1
（1）树干通直度	通直度达树高比例	完全通直	4/5	2/3	1/2	1/3
	树干弯曲度	无弯曲	轻度弯曲	较大弯曲	较重弯曲	严重弯曲
（2）树干圆满度	胸径/根茎	85% 以上	75%~85%	70%~75%	65%~70%	65% 以下
	圆满程度	圆满	较圆满	中等圆满	尖削度较大	尖削度大
（3）主干分叉性	分叉基部的位置与树干高比值	完全无分叉	4/5 以上有一个分叉	2/3~4/5 处有一个中等大小分叉	1/3~2/3 处有一个较大的分叉	1/3 以下有一个大分叉或几个分叉

项目	指标	得分值				
		5	4	3	2	1
（4）自然整枝度	枝下高与树高的比值	3/4~4/5	2/3~4/5	1/2~2/3	1/4~1/2	1/4以下
	枯死枝脱落	无枯死枝	良好	较好	中等	差
（5）树冠浓密度	主干轮盘数	10以上	8~10	6~8	4~6	4以下
	叶浓密度	浓密	较浓密	中等	较疏	疏
（6）冠幅	上下左右平均直径/m	小于4	4~5	5~6	6~7	7~8
（7）侧枝粗	树冠下部3~4枝基部平均直径/m	4~5	5~6	6~7	7~8	8~9
（8）生长势	当年高生长	大	较大	中等	较小	极小
	长势情况	旺盛	较旺	中等	较差	差
（9）健康状况	受病虫害危害程度	完全健康、未受害	树冠有个别枯树叶	受害较轻，树叶枯死较多	受害较重，枝叶枯死多	受害严重，枝叶大量枯死

实验内容

【实验目的】

通过实验操作，了解并掌握林木优树选择的常用标准和基本方法。

【实验材料】

橡胶树。

【实验器具】

罗盘仪、卷尺、皮尺（30 m）、围径尺（2 m）、测高器、量角器、白式红油漆、毛笔、粉笔、生长锥、记录本、劈刀、林业调查测量用表、标准图等。

【实验步骤】

1. 踏查

（1）选林分　根据地形图、林相图或平面图，对某地区或某林场进行全面踏查，充分了解林分生长的基本情况，选择符合要求的林分。

① 林分起源　多选天然林或人工实生林，不选多代萌芽林和大径材择伐林。

② 林龄　多选同龄、中龄林，不选异龄林、老林、少林。

③ 选纯林　郁闭度为 0.6~0.7，林相整齐，不选混交林。

④ 属于Ⅰ、Ⅱ地位级的林分（但不是绝对的）。

（2）预选优树　根据择优的标准，在合适的林分中踏查选优，用"远处看高子、林内找胖子"的方法目测预选，在预选合适的树木上做好临时标记，以利于实测初选。预选木必须为林中木，其立地条件应与对比木相同或低于对比木。

2. 初选

根据踏查预选的结果，在实地选树、评比过程中，将符合优树标准的树木进行登记、编号，并在优树及其对比木的树干上做好标记，以便采种、采条和复查。具体方法如下：

（1）平均木的确定　以优树预选木为中心，在半径 10~15 m 的圆形林地范围内，调查 50~60 株林木。为了减少工作量，一般先测量胸径，计算平均胸径，然后测量 5~6 株接近平均胸径林木的树高，计算出平均树高。

（2）对比木的确定　在优树预选木附近半径 10~15 m 的圆形林地内找出 3~5 株仅次于候选树的优势木作为对比，并临时编号（1~5）。

（3）生长量调查　根据优树等级表的要求，逐项对优树候选树、优势木和平均木进行测量。

（4）质量性状调查　按选优所规定的各项形质指标，对候选木和对比木进行目测评分。

（5）计算、评选　根据计算调查结果，按优树标准判定是否入选（可参考表 16-1 进行评分），最后将选中树木的各项调查数据填入优树登记表（表 16-2）。

3. 复选

（1）核实　对初选调查材料和计算数据进行核验。

（2）选定　按优树标准，对所选的优树再次进行相互评定，优中选优。

【实验结果及分析】

分别用优势木对比法、平均木对比法进行统计分析。

【作业】

整理实验结果，填写表 16-2。

表 16-2　优树登记表

一、母树所在地点
1. ____省____县____乡（林场），小地名____。
2. 海拔高____m，坡位____，坡向____，坡度____。
3. 土壤种类____，土层厚度____，质地____，植被____。
二、林分状况
1. 起源____，组成____，林龄____，郁闭度____。造林密度____株/hm²，现在密度____株/hm²。

2. 林分平均胸径____cm，平均树高____m，平均蓄积量____m^3/hm^2。

3. 林分健康状况____，结实情况____。

三、优树特征

1. 生长量

		胸径/cm	树高/m	中央直径/cm	形数 $(q\frac{1}{2})^2$	单株材积/m^3	对比结果
优树							优树大于对比木
优势木	1						胸径 %
	2						树高 %
	3						材积 %
	4						优树年平均生长量
	5						胸径 cm
平均值							树高 m
							材积 m^3

生长量（平均木法或基准线法）

	胸径/cm	树高/m	中央直径/cm	形数 $(q\frac{1}{2})^2$	单株材积/m^3	对比结果
优树						优树大于对比木
						胸径 %
						树高 %
小样地对比树						材积 %
						优树年平均生长量
						胸径 cm
基准线标准						树高 m
						材积 m^3

2. 树冠

冠幅：南北____，东西____，平均____，冠型____。

3. 树干

通直度_____。

圆满度（形率）_____。

自然整枝能力_____。

4. 分枝粗度及角度

树冠中下部最粗侧枝基茎_____cm。

枝粗／胸径_____cm，分枝角度_____。

5. 树皮

厚度_____cm，树皮指数_____%，裂纹通直度_____。

6. 结实情况

结果数_____个，果鲜重_____kg，果型_____，果纵径_____cm，果横径_____cm，出籽率_____%。

7. 生长势和健康状况

生长势_____，

续表

病虫害 _____。	
8. 木材及其他特性	
密度 _____kg/m³，木纹通直度_____，产脂能力_____。	
9. 针叶	
长度 _____cm，密度 _____叶束 /cm。	
四、选中理由 _____	
_____。	
五、优树所在位置示意图	
年　　月　　日	

【参考文献】

1. 刘光金，贾宏炎，卢立华，等 . 不同林龄红椎人工林优树选择技术 [J] . 东北林业大学学报，2014（5）：9-12.

2. 唐建宁，张银娟，唐春慧，等 . 白蜡优树选择方法与标准的研究 [J] . 内蒙古林业科技，2009（3）：36-39.

3. 赵绍文 . 林木繁育实验技术 [M] . 北京：中国林业出版社，2005.

实验十七

林木超级苗选择

基础知识

一、相关概念

1. 遗传改良

遗传改良（林木育种）是以遗传进化规律为指导，研究林木良种选育、新品种培育的原理和技术的科学。目的是选育和繁育林木优良品种。其方法包括引种、杂交育种、优树选择、种源选择、无性系选育及其他育种等。一个树种采用何种遗传改良方式是由多因素决定的，其中树种生物学特性和经济效益是主要考虑的因子。

2. 早期选择

传统的林木育种因受自身因素、环境因素、林木基因杂合度高等影响，其育种周期长，育种效率极低。为改变这一现状，研究者们通过林木苗期的相关性状进行选择，以期在林木成熟之前就作出预测的选择，称为林木的早期选择。该法包含直接选择和间接选择两种。直接选择以结果性状的遗传力和遗传潜力为基础进行选择。间接选择把原因性状以及其与结果性状之间的相关性作为选择的依据，主要有林木早晚期性状的相关性、林木早晚期性状与生理生化指标的相关性、生长与形态性状的相关性以及生长与物候性状的相关性。

3. 超级苗

任何树种在苗圃中进行大量播种时，即使圃地的土壤、地势、播种方法和管理措施都相同，仍会出现一些长势异常突出的苗木，这些个体可能是优良遗传特性表现的结果，被称为超级苗，超级苗具有早期优势遗传的表现。林木超级苗选择是以林木生长性状在早晚期的正相关性为依据，根据苗期生长性状筛选优良个体，是早期筛选具有优良基因型苗木的主要途径之一，林木超级苗选择可加速育种进程，为林业的发展提供基础材料。在造林工作中，超级苗的选择是培育速生丰产林的重要技术措施。近年来，许多地方在林木良种繁育过程中应用超级苗建立母树林和种子园，效果良好。一般来说，一个较老的树种，在其生长和发育过程中，由于个体受不同地理环境、立地条件的影响以及有产生天然杂种的可能，其形成了一些优良类型，用这种优良植株的种子育苗或造林，保持其固有的优良特性。因此，选择超级苗是林木良种化的主要手段之一。

二、超级苗的选择流程

1. 取样

一般以 1 ~ 3 年生的苗木作为超级苗筛选材料，选择采用"大群体，强选择"的策略，此时苗木数量相对庞大，因此在苗木测量时一般采用机械抽样法进行取样测量。机械抽样就是将总体各单位按一定顺序排列成为一览表式，然后按相等的间隔或距离进行单位样本抽取。此法抽出的单位样本在总体中是等距、均匀分布的，抽取的样本可少于单纯随机抽样。一般根据苗木种植的实地情况设计抽样间隔和距离。

2. 测量

不同树种的苗木超级苗选择时的基本测量指标存在差异，一般把幼苗的苗高和地径作为基本测量指标。利用游标卡尺、直尺直接对苗木的地径和苗高进行测量。

3. 确定超级苗标准

（1）标准差法

以苗高为主，综合考虑选苗比例数和地径，按照调查苗木标准进行。

① 计算平均苗高和标准差。出苗 1 个月后开始进行苗木的生长量测量，分别测量地径和苗高。每 15 d 测量一次，生长旺盛期 10 d 测量一次。待幼苗木质化后可进行超级苗的选择，采用标准差法进行筛选，具体步骤：首先根据测量数值计算苗木平均苗高及标准差，将调查苗木以 0.2 m 为一高阶，分别统计每一高阶的株数，代入以下公式计算：

$$X_n = \frac{\sum f_i \times X_i}{N}; \quad \partial = \sqrt{\frac{\sum f_i \times X_i^2}{N} - X_n^2}$$

式中，X_i 为高阶，f_i 为高阶苗木数量，N 为调查苗木数量，∂ 为标准差。

X/m	f	fX	X^2	fX^2
0.2	2	0.4	0.04	0.08
0.4	10	4.0	0.16	1.60
0.6	29	17.4	0.36	10.44
0.8	105	84.0	0.64	67.20
1	144	144.0	1.00	144.00
1.2	106	127.2	1.44	152.64
1.4	67	93.8	1.96	131.32
1.6	27	43.2	2.56	69.12
1.8	10	18.0	3.24	32.40
计∑	500	532.0	11.4	608.80

注：X 为高阶，f 为株数。将上栏内数字代入公式计算得出平均高及标准差。

② 制定大田的调查苗标准。将调查苗的平均高加上标准差，加至接近或等于调查苗的最高数，作为大田选苗的苗高标准。再从调查表中统计苗高在标准以上的苗木根径，按选苗比例挑出相应根径。

③ 制定超级苗的选苗标准。超级苗的选择以苗高为主，结合考虑选苗比例数和相应根径。按照大田选苗标准选出该苗地中的苗木，在齐眼高的苗茎上做上标记并记录苗高、根径，按照苗高和千分之三百分之一选苗比例及相应的根径制定超级苗的选苗标准。

（2）正态分布法

在实地测量一批苗木高度时可以发现，特别高和特别矮的苗木很少，而中等高度的苗木很多。如果用所有测量的苗高之和除以测量的苗木总株数，得到一个苗高平均数 X_n，对比苗高平均数和各个苗高值将会发现，苗高在平均数左右的苗木很多，距离平均数越远的苗木就越少。同时，特别高和特别矮的苗木与平均数之差的绝对值以及株数均相差不大。苗高是一个连续的随机变数，可以取得一定区间内的任何实数值，并且这个连续的随机变数类似正态分布。

在超级苗选择中，因苗木数量相当多（即样本单元数足够大），所以我们可以视其苗高为正态分布，利用正态分布概率积分表计算不同精度的超级苗木。

从正态分布表中查得：高度超过 1、1.5、2、2.5、3、3.5、4 倍标准差的超级苗木的概率分别为：

$$P(X_n + \delta_X) = 15.87\%$$
$$P(X_n + 1.5\delta_X) = 6.681\%$$
$$P(X_n + 2\delta_X) = 2.275\%$$
$$P(X_n + 2.5\delta_X) = 0.621\%$$
$$P(X_n + 3\delta_X) = 0.135\%$$
$$P(X_n + 3.5\delta_X) = 0.023\,26\%$$
$$P(X_n + 4\delta_X) = 0.003\,167\%$$

式中，P 为超级苗概率，X_n 为苗木总体平均数，δ_X 为苗木总体标准差。

【例题】某苗圃一坬苗的产量为 10 万株，要选择 3 个标准差以上的超级苗木应如何进行？

解：已知 3 个标准差以上超级苗木的中选概率为 0.135%，苗木的总株数为 10 万株。

（1）计算该坬苗木的总数：$100\,000 \times 0.135\% = 135$（株）

（2）选苗：先在该圃地中选择 160 株或 180 株（比计算超级苗总株数多选 20% ~ 40%）高生长最突出、长势最好的苗木，然后按超级苗的径粗标准和形态标准（叶色、生长势、枝轮数、通直度、健康状况）进行复选，取 135 株即为 3 个标准差以上的超级苗木。

用此法选择超级苗木，困难之处在于缺乏确定苗高属于超级苗范畴的标准。因此，在实际选苗过程中，必须先观察全部苗木，并测量其中高生长最突出的几株苗木高度，取其平均数，最后在平均数上下 2 ~ 3 cm 范围内选苗。

（3）概率法

一般苗木的苗高与地径、根长呈正相关，即在一致性的圃地里，苗越高其地径就越大、根越长。因而可以以苗高作为苗木生长的主要标志。

凡变异群体都遵循概率论中的三倍标准差规则，即达到平均值（X）加三倍标准差（S）时，其差异即达极显著，这种变异在群体中出现的概率约为0.1%。

超级苗选择以苗高为主要指标，凡≥$X+3S$（$X+2.5S$）时即初步入选，选出率约为1‰。因此按0.1%的概率去选择苗圃中生长最高的一些个体，则其平均高度标准必然大于$X+3S$。

此外，可以假设超级苗在苗床上的分布是随机的，在具体调查时，可按产苗量0.1%的概率计算预期可能选出的株数，并按苗床的面积计算，在多大的面积上可能出现一株超级苗，按此面积将苗床划区，在每一小区中调查一株目测最高的苗木高度，所调查的全部苗高平均数，即为选择超级择的高度标准。例如苗床面积400 m²（1 m×400 m），产苗量6万株，按0.1%概率计算可出现超级苗60株，则每6.66 m²（1 m×6.66 m）的苗床上可能出现一株超级苗。那么分别测量每一小区范围内目测最高的一株苗高，计算得全部60株苗高的平均值，即为超级苗选择的高度标准。

4. 选苗

超级苗标准：根据育苗面积和苗木生长情况而定。一般高度标准为苗木平均高加3或3.5倍标准差。选苗准确度为1/1 000～1.5/1 000，有时可达1/2 000或1/3 000。

选苗时应注意以下几个问题：①先按苗高进行初选，然后根据苗粗、叶色、生长势、健康状况等进行复选；②苗圃中各苗床所处立地条件往往有所差异，因此，设置样方和选苗时，必须考虑到苗木生长势，否则，选出的超级苗常集中在某一区域；③选苗时应尽量排除主观因素的干扰，力求客观；④将选中的超级苗挂上编号纸牌，并按编号顺序记录。

实验内容

【实验材料】

橡胶树种子。

【实验器具】

锄头、铁锹、遮阳网、塑料薄膜、熟料管或竹条、水桶、喷壶、地标、挂签、塑料绳、游标卡尺、直尺（或米尺）。

【实验步骤】

1. 整地

选择一块透气保水性好的苗圃地，清除杂草，按宽1.5 m、长3 m（或宽1 m、长2 m，据实地情况设计）的规格隆地、松土，并挖出排水沟。

2. 播种

用锄头在苗床上挖出小沟，间距 10~15 cm，深度 25 cm，然后将橡胶树种子按间距 5~10 cm 播种于小沟中，覆上薄土，切勿播种太深。浇水后使用熟料管或竹条搭上拱棚，覆塑料薄膜，光照较强时可覆遮阳网，后期管理每 2 d 浇水一次，定期除草和防治病虫害。

3. 制定调查苗标准

出苗 1 个月后开始进行苗木的生长量测量，分别测量地径和苗高。每 15 d 测量一次，生长旺盛期 10 d 测量一次。待幼苗木质化后可进行超级苗的选择，采用标准差法进行筛选，首先根据测量数值计算苗木平均苗高及标准差，将调查苗木以 5 cm 为一高阶，分别统计每一高阶的株数，代入下式计算：

$$X_n = \frac{\sum f_i \times X_i}{N}; \quad \partial = \sqrt{\frac{\sum f_i \times X_i^2}{n} - X_n^2}$$

式中，X_i 为高阶，f_i 为高阶苗木数量，N 为总调查苗木数量，∂ 为标准差。

超级苗生长性状选择以总体平均值加上 1~3 倍的标准差为标准。如：以苗平均高（X）加 1.5 个标准差（S）为标准，调查高于这一苗高的苗木。然后按选苗比例，排出相应地径，如调查的 600 株苗木的苗高平均值加上 1.5 倍标准差后为 200 cm，苗高 200 cm 以上的 3 株苗木的地径是 1.8 cm、1.9 cm、1.95 cm，按 300 株选一株的比例，确定地径为 1.9 cm。则该批苗选苗标准是苗高 200 cm，地径 1.9 cm。

4. 制定超级苗的选苗标准

以苗高为主，综合考虑选苗比例数和地径，按照调查苗木标准进行。如：苗床选出的苗，$X+1.5S$ 标准苗高位 200 cm，根径 1.9 cm 的苗木共 140 株，其中苗高 200 cm、根径 1.95 cm 以上的有 60 株；苗高 200 cm、根径 2.0 cm 以上的 30 株，苗高 200 cm、根径 2.05 cm 以上的 18 株；苗高 200 cm、根径 2.1 cm 以上的 8 株。按照 1/1 000 和 1/300 的选苗比例确定超级苗标准，当苗高为 200 cm、地径为 1.95 cm 时苗木的入选率为 1/1 000；苗高 200 cm、地径 2.05 cm 时的入选率为 1/300。为此确定一级超级苗为苗高 200 cm、地径 2.05 cm 以上的苗木；二级超级苗为苗高 200 cm、地径 1.95 cm 以上的苗木。

【作业】

1. 计算平均苗高和标准差并按高阶统计苗木株数。
2. 制定筛选标准，筛选出超级苗。

【常见问题分析】

1. 数据测量过程会存在一定的读取误差，为减少该误差，测量时应统一由一人进行测量和读取。

2. 苗木的生长量调查是一个长期的过程，在调查过程中可能会出现苗木死亡等情况，因此选择的苗木数量应比原计划多出约 1.5 倍。

【参考文献】

1. 大田县桃源林场 . 利用正态分布来选择超级苗木［J］. 福建林业科技，1975（5）：51-53.

2. 吕学辉，魏巍，陈诗，等 . 云南松优良家系超级苗选择研究［J］. 云南大学学报（自然科学版），2012，34（1）：113-119.

3. 杨国华，张厚铿 . 机率法选择超级苗的研究［J］. 江西林业科技，1980（2）：26-29.

実验十八

木本植物扦插技术

基础知识

一、扦插生根的机制

树木的离体器官具有再生成完整植株的能力，截取一段植物枝条（或叶、根、芽等），将其插入基质中，通过管理创造适宜的环境条件，促使其长出不定根，萌发出不定芽，进而发育为一个完整植株的繁殖方法称为扦插繁殖。

实践中发现，植物受损或正常发育过程受到干扰时，会出现自我修复的能力。当植物的枝条或根部被切断，树木的机体平衡遭到破坏，其内在控制机制就会恢复这个平衡，茎、根、叶所具有的再生能力，就是这种新平衡的表现。

不同树木的器官再生能力差异很大，同一树木不同器官的再生能力也不一样。即便是同一棵树的相同器官，由于脱离母体时处于不同的生长发育时期，也会表现出不同再生能力。扦插繁殖中，根据树木扦插生根的难易程度，可以将树木分为易生根型与较难生根型。

1. 插条生根的类型

树木扦插的主要任务是重建离体器官的根、茎、叶等形态，其中诱导新根的萌发是首要工作。因此，扦插前必须了解树木根的结构及其生理功能。

植物枝条扦插时，插条基部及切口的愈伤组织所生的不定根，基本属于须根，这种根系有利于扦插苗的移栽与成活。然而这些不定根能否发育形成繁茂的须根，与多种因素有关。插穗形成不定根主要依赖于形成层细胞，保护形成层的活力是促进扦插成活的关键。嫩枝扦插时，维管束鞘和射线附近的薄壁细胞也可以产生不定根。

植物扦插的生根类型有两种：潜伏不定根原基生根型和愈伤组织生根型。潜伏不定根原基生根型是一种最易生根的类型。它是从皮层产生不定根原始体，在采条前或经处理后扦插前就已经形成不定根原基，完成了扦插生根的前两个阶段。

愈伤组织生根型：所有难以生根的针阔叶树种几乎都是愈伤组织生根型，如核桃、松、柏、油橄榄、云杉等。这类树种难以扦插生根、生根期长的原因之一，就是茎插穗的皮层内缺乏根原始体。这类树种在扦插后首先在基部形成愈伤组织，进而在节上分化出根原始体，最后根原始体进一步发育钻出体外形成根，插穗成活。这一过程包括 3 个阶段：第一阶段，形成愈伤组织；第二阶段，植物体合成生根物质，诱导根原始体分化；第三阶段，已经分化的根原始体在生长物质的促进下，钻出体外形成根。

需要注意的是，一种树木可以兼具不同的生根型。扦插育苗时，兼具两种以上的生根型的树种更容易生根。如果只有愈伤组织生根型一种类型，因为必须经愈伤组织形成、分化出根原始体、不定根原基形成以及生根等几个步骤，所以难以生根。

2. 生长调节剂与生根

树木的扦插繁殖除了需要水分、无机盐和有机物等营养物质外，还需要一些特殊的、植物生长发育所必需的微量活性物质——植物激素。与天然植物激素不同，一般情况下，人工合成的调节生长的物质称为生长调节剂。现已发现的植物激素有五大类：细胞分裂素、生长素、脱落酸、赤霉素和乙烯。

扦插繁殖时对不定根诱导作用最明显的是生长素，我国目前在水杉、落羽杉、雪松、油橄榄等树种中广泛应用生长素，大大提高了扦插生根率。扦插时应用生长素，不仅促进了生根，而且根长、根数、根粗都有显著提高，生根期大大缩短。

在扦插繁殖时，植物生长激素浓度过高，会对插穗生根产生抑制作用。

3. 生长抑制物质与生根

在插穗体内存在一种妨碍生根物质发挥作用，并与植物体内生长激素相拮抗的物质，即生长抑制物质。植物生理生化研究证明：生长素控制树木的生长，如生根、发芽、展叶、开花、抽条等，生长抑制物质调控植物的休眠、落叶、封顶等。

二、扦插的分类及其意义

1. 扦插的分类

在树木扦插繁殖中，根据扦插材料可以分为枝插、叶插、根插、芽插等，实践中具体选用哪种扦插方式应考虑各苗木的特点。

（1）枝插　枝插是以植物枝条为插穗的一种扦插方式，根据枝条生长发育情况又可分为：①硬枝扦插，插穗为完全木质化的枝条，多数以休眠枝为材料，因此又称为休眠枝扦插。硬枝扦插操作简单，是生产上应用最广的一种扦插方法，多用于木本植物（如图 18-1、图 18-2）。②嫩枝扦插，插穗为当年生半木质化并带叶的枝条，也称为软枝扦插。嫩枝扦插因茎为半木质化，仍含有较多水分，加上扦插时带有叶片，扦插时间又在高温季节，所以插条脱离母枝后很容易失去水分平衡。但嫩枝扦插插穗体内生长抑制物质较少，夏季高温高湿的气候，有利于插穗切口愈合生根。除此以外，嫩枝上保留的叶片还可以进行光合作用（图 18-3）。

（2）根插　以树木的根作为插穗，使根上的不定芽萌发长出新植株的扦插方式称为根插。根插更适合根系发芽能力强、具有肥大肉质根系的植物，如牡丹、樱桃、贴梗海棠、木瓜、泡桐、大丽花、紫薇、蔷薇、海棠、无花果等。

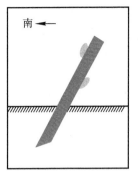

图 18-1　硬枝扦插

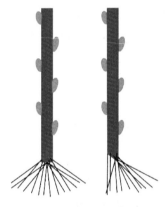

图 18-2　剪口与生根
情况示意图

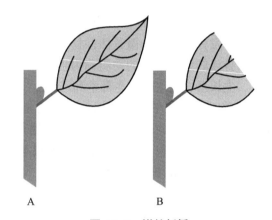

图 18-3　嫩枝扦插
A. 留一片叶　B. 留半片叶

　　一般宜在春、秋雨季对母株进行移栽或分株时进行根插，此时植物的根贮藏了较多的养分，根插成活率高。移栽或分株时将母株的主根截成约 10 cm 的小段，然后按照一定的密度将根段插入育苗床内，入土深度一般为扦插根段 4/5 或全部没入土内。一些细的根段，可以直接平埋在苗床内，覆土 2～3 cm。扦插后保持育苗床土壤湿润，同时防止水分过多导致扦插根段腐烂。为了提高土壤温度以增加扦插成活率，应尽量采用全光照射育苗床。对于花叶嵌合体植物用根插进行繁殖时很容易丢失花叶的性状，因此不适宜采用根插繁殖。

　　根插繁殖效果的好坏主要取决于根段大小，同时对于不同发育状态的根段插穗也要配合不同的扦插方式，粗壮的根系可以直接进行陆地扦插，而幼嫩新鲜的细根更适合在温室、大棚或温床沙中扦插。

　　（3）叶插　有些植物的叶子在扦插后可以生根发芽，形成独立生长的植株，利用这种方式进行繁殖即为叶插。叶插可以全叶插，也可以叶片插。适于叶插的植物有玉树、玉米石、非洲紫罗兰、芦荟、落地生根、秋海棠等。

　　（4）芽插　利用嫩枝顶端的芽或腋芽作扦插材料的繁殖方式称为芽插。芽插又分为：①叶芽插，如大丽花用一片叶带一个腋芽扦插（图 18-4）。②一芽插，即只用带一个芽的短插穗，用于生命力强的柳、葡萄、无花果等。一芽插能节约插穗，繁殖系数高，但要求插床条件较好，覆土要浅。截取插穗时一节一个插穗，芽要位于插穗的上端，距上剪口约0.5 cm。③顶梢插，利用植物顶梢的芽进行扦插，如景天、菊花等。其他适用于芽插的还有橡皮树、山茶、月季、斗球等。由于芽插的插穗本身所含养分较少，因此它对插床要求较高，需要进行细致的操作。

图18-4 叶芽插

2. 扦插繁殖的意义

扦插繁殖是促使成年材料复壮的有效手段，具有繁殖速度快、容易操作的优点。它在林木育种中至少有如下作用：①可以繁殖无法进行有性繁殖的植物；②可以保持母树的优良特性；③比实生苗提早开花结实；④繁殖系数更大，能在较短的时间内实现良种快繁；⑤利用芽变，培育植物新品种；⑥可作为保存基因资源的一种手段。

三、插穗的处理

在枝插实践中，人们创造了不少易于成活的插穗处理方法，常见的几种方法如下。

1. 环剥处理

在枝或干的基部环状剥去一条带状的树皮，环剥宽度因处理的枝干粗细而异，一般带宽0.4~1.5 cm。环剥截断了养分和生长素的向下运输，使其蓄积在环剥枝条下部，从而提高该枝条的碳氮比，为插穗创造了更好的营养和激素条件，从而有助于促进插穗形成不定根（图18-5）。

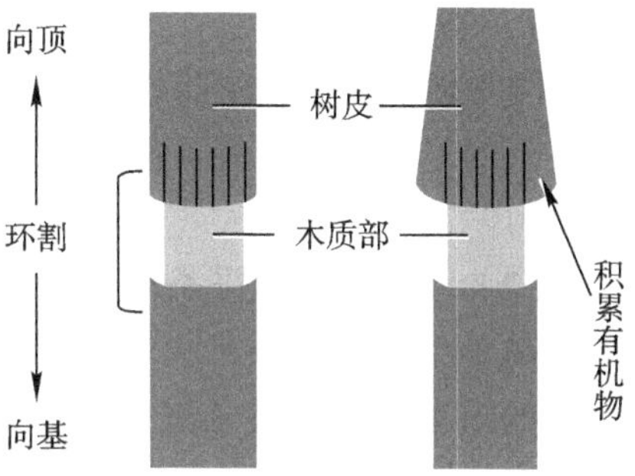

2. 环束处理

用铁线紧紧环束树木枝条或树干的基部，其原理与环剥处理相似，也可以阻止糖类及其他生根物质向下运输，使其在环束处富集起来，以此为材料获得的插穗可以提供充足的养分与生长素，促进不定根形成。

图18-5 环剥处理

3. 黄化处理

在扦插前将扦插母株置于黑暗或半黑暗的环境下进行培养，不仅可以激发植物激素的活性，还可使植物组织保持幼嫩状态，更利于生根。

4. 冷藏处理

处于休眠状态的枝条经过一段时间的冷藏处理后，枝条内的抑制物质发生转化，降低了其对生根的不利影响。正常情况下不能生根的锡特加云杉冷藏3个月后，生根率达到15%~20%；日本落叶松和欧洲落叶松杂种的休眠插穗，在2℃条件下贮存6周以后，生根率提高。

5. 浸水处理

在扦插前，将插穗基部在水中浸泡一段时间，这种处理方法包括水浸、流水洗、温水洗等。其原理是通过浸泡插穗基部，将枝条内的生长抑制物质用水进行浸脱。浸水处理可以增加插穗的含水量外，并降低插穗内生长抑制物质的作用，从而提高某些树种的扦插成活率。

6. 增温处理（温床催根）

扦插时为了使插条先生根后抽芽展叶，提高扦插成活率，可以人为创造一个地温高、空气温度低的扦插环境。目前，一般采用在插床下部铺设电热缆加温的方法，控制土温在 20~25℃ 为宜。

7. 营养物质处理

插穗内糖类的含量高有利于插穗生根。1938 年，Chadwick 曾将石楠、黄杨等插穗的基部 3.81 cm 段浸于糖溶液（约为 14 g/L）中 12~36 h，获得了良好的生根效果。

8. 激素处理

扦插前用植物生根所需的生长素对插穗切口进行处理，可促进生根并提高插穗成活率。常用的激素有萘乙酸（NAA）及其衍生物吲哚乙酸（IAA）、吲哚丁酸（IBA）、苯氧乙酸及其衍生物等。

四、影响插穗成活的因素

在扦插繁殖过程中，插条不定根的形成是一个十分复杂的生理过程，是插条内部与外界环境因子综合作用的结果。因此，既要分析影响生根的内因，也不能忽略光照、温度、湿度、土壤等外界因素对插条再生的作用。

1. 内在因素

（1）树种的生物学特性　不同树种具有不同的生根能力，有的易生根，扦插成活率高，有的不易生根，甚至扦插后不能成活。树种的遗传特性及生物学特性直接影响其生根能力。

（2）母树年龄　采条母树的年龄对扦插生根影响较大，一般采穗母树的年龄越大，插条越难生根；采条母树越年轻，含有的生根抑制更少，枝条越容易生根。如用 1~3 年生的马尾松幼树枝条进行扦插，生根率可达 50%~80%，而采用 10 年生以上的母树枝条进行扦插，其生根率接近 0。

（3）枝条的取材部位　在同一棵成年母树上采集插穗，由于树干不同部位的枝条在发育阶段、年龄、根原基数量和贮存营养物质含量上的差异，来自不同部位的插穗生根率和成活率存在明显差异。加拿大杨、小叶杨、二青杨等枝条中部含有的根原始体最多，因此在这些部位枝条中部采集插穗扦插的生根数最多，成活率也最高，下部（接近基部）次之，上部最少。杉木、河北杨、毛白杨枝条下部的根原基最多，在枝条下部采集插穗扦插成活率最高；中部的根原基很少，梢部极少。此外，白蜡、雪松、樟树等树种的基部插穗生根率最高，而池杉、水杉、油橄榄和水青冈等树种则枝条的梢部生根率高。

（4）枝条的着生部位及发育状况　一些树种以生长在树冠上的枝条作为插穗的生根率很低，而采自树根和树干基部枝条的插穗的生根率更高。例如毛白杨树干基部萌发的枝条与树冠上的枝条，同样是 20 cm 长的插穗，前者平均生根数为 23 条，后者平均生根数为 7.5 条，前者是后者的 3 倍以上。

能够从基部萌发的阔叶树，通常采用平茬的方式砍去树木，促使其从树桩根部萌蘖，并从生活力强的萌条上采集插穗，这是杨树和柳树常用的生产方法。这种方法可以使部分枝条转变为幼期容易生根的状态，但是这种转变是有限的，其成活率不如从1～2 年生实生苗上采集插条那样高。上述技术经过改良已被列拜及肯克尔（1966）成功地应用于辐射松。他们每年剪树时发现，从萌枝上采集的插条较从树上正常枝条上采集插条更容易生根。相比之下，针叶树种着生在母树主干上的枝条生根能力更强，侧枝以及多次分枝的侧枝的生根能力较差。

（5）母株和插穗的年龄 年龄效应对很多树种的扦插繁殖能力产生影响。一般情况下，随着年龄的增加，插穗中的内源生长素越来越少，细胞再生能力逐渐降低，插穗的生根能力和扦插成活率也逐渐降低，同时形成的根系质量也下降，影响苗木生长。不同年龄的日本落叶松插穗在生根率、生根量、根度和偏根率上有极显著的差异。1 年生的大叶黄杨插条生根率明显比 2 年生的高。马尾松扦插繁殖的母株年龄宜小于 4 年，4 年以上的母株扦插生根率明显降低（贾志远，2015）。

（6）插穗长度 插穗长度在一定范围内影响扦插成活率和苗木的初期生长量。例如加拿大杨的长插穗有更高、更稳定的成活率，插穗过短导致成活率低且不稳定，10 cm的插穗的成活率比 15 cm 的插穗降低了 19%～34%，比 20 cm 的降低了 21%～60%。短插穗因为含有较少的根原始体和营养物质，生根晚，生根数量少，无法满足插穗生根与长叶的需要，因此成活率比长插穗低。另外，短插穗含水量少，入土浅，不易满足插穗生根、长叶所需的水分。

插穗长度的确定，要参考树种生根速度和土壤含水量等因素。对于大多数落叶阔叶树种，插穗长 10～25 cm 为宜。湿润条件下容易生根的树种适合较短插穗，反之宜使用长插穗。例如在大部分地区扦插杨树、柳树等树种时，插穗长 14～20 cm 为宜，沙棘以 10～15 cm 为宜。针叶树种一般为 10～35 cm，如池杉、湿地松、水杉等插穗长10～18 cm 为宜，雪松插穗长约 15 cm 为宜。

（7）插条的直径 越粗的插穗可以积累越多的营养物质，扦插后越容易成活，扦插苗质量越好。不同树种适合的插穗直径不同，多数针叶树种的插穗直径为 0.3～1.0 cm；阔叶树种为 0.5～2.0 cm。杨树插穗的直径以 1.0～2.0 cm 为宜，沙棘 0.8～1.5 cm。粗细适宜的插穗其切口愈合快而好，有利于扦插成功。

（8）插穗叶片数量 叶片可以通过光合作用促进生理代谢和一些物质的转化，因此扦插时可以保留一部分叶片来促进生根。插穗保留的叶片数量和叶面积往往影响插穗的生根率。例如扦插马黛茶时保留 1 片叶的插穗扦插生根率可达 40%，保留叶片叶片数量增加，生根率随之降低，保留 6 片叶时生根率仅为 6%。

2. 外界条件

（1）土壤温度 不同树种有其适合的生长温度，因此扦插时对环境温度的要求也有所不同，一般 20～25℃可以满足大部分树种的扦插要求，但毛白杨更适合在 18℃扦插。多数情况下达到某一树种的最低生根温度时就可以生根。

（2）土壤水分 扦插时要做好土壤水分管理，根据不同插穗的保持合适的土壤含水量，以避免插穗水分失衡。

（3）土壤的通气条件 插穗生根需要适宜的氧气条件，育苗地土壤疏松，通气条件好，氧气较足，更利于扦插成活。每次灌溉后应及时松土，以保持土壤良好的通气性。

（4）光照 光照对常绿树种的插穗生根具有促进作用，但光照不是越强越好，强光会加快蒸腾，导致插穗水分失衡，成活率下降。

（5）空气相对湿度 难生根的树种和常绿树种对空气相对湿度要求较高，一般应达到85%~90%。

（6）扦插季节 不同树种的最佳生根季节有所不同。在大多数情况下，在春天枝条开始生长前或在初夏新枝尚未木质化时进行扦插最容易生根，但也有一些树种在一年中的其他时间最适于生根。

五、扦插苗的管理

1. 生根前插穗的管理

进行露地硬枝扦插及根插，需在扦插后一次性浇透水，之后根据环境温度、湿度及光照等条件适时适量浇水，以保持扦插成活所需的土壤和空气相对湿度。此外，及时清除育苗地中的杂草，防止病虫害的发生。

2. 生根后插穗的管理

插条生根后，水分要适当减少。当新苗长至15~25 cm高时，选择一个健壮的直立芽保留，其余芽陆续去掉。已生根的硬枝插条，多数于落叶后休眠期移栽，常绿树要带土球移栽。对于带叶嫩枝扦插或叶芽插的插穗，生根后要逐渐降低湿度，保持通风并增加光照。当根系形成二次根（即二极根系，侧根）时，即可移出，否则缺肥、挤压等易导致幼苗死亡。如长时间不能移出，应适量施肥，并通过加强管理促进苗木生长。对移栽的幼苗，要在遮阴及适宜的湿度、温度条件下逐步炼苗1~2周后，再转入正常管理。

实验内容

【实验目的】

了解林木扦插繁殖的优势和常用的促进扦插成活的措施，理解林木扦插繁殖成功的主要因素，掌握林木扦插繁殖方法和技术。

【实验材料】

三角梅（*Bougainvillea spectabilis*）。

【实验器具】

农药、生根促进剂、消毒剂、生根粉，铁锹、锄头、农膜、天平、烧杯、枝剪、剪刀、标牌。

【实验场地】

校内实习基地苗圃。

【实验步骤】

1. 插壤的准备

扦插前约两周整理插床，用防治地下害虫和土壤病害的农药对土壤进行消毒并用农膜覆盖，1 周后揭膜待用。

2. 采穗及插穗制作

选取生长良好、无病虫害的植株作为采穗母株；选择生长旺盛且芽饱满、长 20 cm 以上的枝条作穗条。5—6 月份是三角梅扦插的最佳时期，此时扦插效果最好。采条或扦插时间宜选择阴天或上午 10 时以前及下午 4 时后。插穗长度为 15~20 cm，含 3~5 个叶芽。将插穗上的大部分或全部叶片去除，若留叶应选择留上部叶片。剪截插穗，上口平切，截掉距第一个芽 0.5 cm 的部分；下口斜切，截掉要保留的最后一个芽下 1 cm 的部分。

3. 插穗处理

扦插前，将插穗基部置于 50 mg/kg 的生根粉溶液中浸泡 5 min。

4. 扦插

用打孔器或小木棒按照扦插密度在育苗床上打孔，孔深约为插穗长度的 2/3，不能过深浅。然后将三角梅插条形态学下端沿插孔插入土里，并保持插条顶部的叶片都朝同一方向，使插穗受光均匀。

全部插穗扦插完后，浇透水，保证插穗与插壤贴合并保持湿润。

5. 插后管理

扦插后主要注意控制水分和温度，正常天气每天浇一次水，灌溉量视土壤湿度而定。当气温超过 38℃时，每天早晚各喷水一次，防止烧苗。此外，扦插后要特别注意通风，防止病虫害感染，一旦发现有感染情况应及时采取措施，对管理过程要进行记录。

【实验结果及分析】

在适宜的环境条件下，生长季节内 20~30 d 插条即可长出愈伤组织，并开始生根，45~60 d 后就可以判断是否成活。根据实验管理过程填写管理记录表，在根据扦插成活情况计算扦插成活率。

【作业】

1. 扦插方法有哪些？请举例说明。
2. 扦插生根的机制是什么？哪些因素影响扦插生根？
3. 扦插繁殖有什么意义？
4. 上交扦插实验记录表（如表 18–1）并计算扦插成活率。

表 18-1 扦插实验记录表

日期	管理情况	总株数	萌芽株树	死亡株树	成活率	记录人

【常见问题分析】

在扦插过程中，有时会出现插条上的叶芽已经萌动或抽条发叶，但实际地下部分并没有生根的情况最终叶梢逐渐枯死，整株苗木死亡，这就是人们常说的"假活"现象。实验过程中应尽量避免此现象的发生，因此不仅要选择更健康、易生根的插条，还要注意在扦插时对插条基部进行消毒，并选择适当的生根剂来促进生根。

【参考文献】

1. 贾志远，葛晓敏，唐罗忠.木本植物扦插繁殖及其影响因素 [J].世界林业研究，2015，28（2）：36-41.

2. 李继华.扦插的原理与应用 [M].上海：上海科学技术出版社，1987.

3. 梁一池.林木育种原理与方法 [M].厦门：厦门大学出版社，1997.

4. 沈熙环.林木育种学 [M].北京：中国林业出版社，1990.

5. 王改萍，王良桂，王晓聪，等.楸树嫩枝扦插生根发育及根系特征分析 [J].南京林业大学学报（自然科学版），2020，44（6）：94-102.

6. 赵绍文，梁一池.林木繁育实验技术 [M].北京：中国林业出版社，2005.

実验十九

木本植物嫁接技术

基础知识

一、植物嫁接的基本原理

　　植物嫁接是一种农林业生产实践中常见的人工营养繁殖技术。嫁接是指从优良品种母树上选取枝条或芽，将其接到另一植株（砧木）的适当部位，使两者的部分组织或器官结合为一个有机整体的操作过程，所得嵌合体将通过其接穗（上半部的茎或芽）与砧木（下半部的根或茎）的重新愈合形成一个新的完整植株。嫁接育苗是经济林最常用的育苗方法，用该方法培育出来的苗木不仅可以保持原母树的优良特性，还可以在短期内提高或改善某些品质，使其产品更具竞争力。这是其他育苗方式难以做到的。

　　接穗和砧木接合部位形成层细胞的再生能力是嫁接成活的关键。形成层细胞的分裂能力很强，是植物树皮与木质部之间生长最活跃的部分。嫁接后，在激素的作用下，接穗和砧木接合部分的形成层细胞不断分裂，形成愈伤组织。随着形成的愈伤组织不断增多，两者的愈伤组织逐渐连在一起。当砧木和接穗愈伤组织完全连接后，胞间连丝联系使两者细胞的营养物和水分互相沟通。然后，愈伤组织开始形成新的形成层将两者的形成层连接起来，继而向内形成新的木质部，向外形成新的韧皮部，并将砧木和接穗的输导组织联通在一起，从而形成一个完整的新植株。

　　通常嫁接后 2～3 d，由于刀切导致细胞破坏和死亡，会在切削表面形成一层薄薄的浅褐色隔膜。4～5 d 后，隔离层开始逐渐消失，嫁接后 7 d 开始长出少量愈伤组织，在 10 d 左右，愈伤组织的数量达到峰值，但是如果砧木没有形成愈伤组织与接穗的愈伤组织接合，接穗的愈伤组织就会萎缩死亡。一般砧木愈伤组织生长速度在嫁接 10 d 后会加快，因为砧木有根系不间断地供应水分和营养，其愈伤组织产生的量会明显多于接穗。

　　接穗和砧木的接合一般经历以下几个阶段：

　　1. 隔离层形成期

　　在此时期，接穗与砧木切口表面被破坏的细胞壁和内含物会被释放出的酶氧化。因此可在伤口表面观察到一层薄的褐色坏死组织，称为隔离层，具有保持水分、保护伤口不被细菌等侵染的作用。

2. 愈伤组织脱分化期

在隔离层形成的同时，切口周围的薄壁细胞和形成层细胞脱分化形成愈伤组织。此外，植物形成层、皮层、韧皮部和木质部的薄壁细胞以及髓均能产生愈伤组织。因此，具有分生组织才是嫁接成活的关键。

3. 砧木和接穗愈伤组织形成、增殖、连接期

在此时期，愈伤组织不断分裂，体积不断扩大，最终填满两者的接合处，使两者的愈伤组织连接成一体，形成愈伤组织桥。在两者输导系统连接前，接穗的营养物质和水分主要通过愈伤组织桥进行运输。因此两者愈伤组织桥形成得越早，嫁接成活率越高。

4. 形成层分化与连接期

在愈伤组织接合后，与砧木和接穗形成层接触的新愈伤组织开始分化为形成层细胞，直至两者的形成层连接。

5. 输导组织分化与连接期

在砧木和接穗形成新的形成层，或筛管和导管原基细胞上分别分化出新的筛管和导管，将砧木和接穗的输导组织连接到一起。输导组织的连接是嫁接成功的标志。虽然植物的砧木和接穗的愈合过程基本相同，但这个过程所需的时间因植物种类、年龄、嫁接方法以及嫁接时期的不同而有所差异。

二、影响嫁接成活的因素

保证嫁接植株成活是进行所有生产实践与理论研究的前提。砧木与接穗维管组织的重建是嫁接成功的基础条件，因此维管束分散且不具备形成层的单子叶植物无法进行嫁接。影响嫁接成活的因素很多，砧穗的生活力和亲和力程度是嫁接成活的基础条件和内因，嫁接时期的选择，适宜的温度、湿度以及嫁接方法是主要的外部原因，外因通过内因起作用。

1. 内因

影响嫁接成活的主要因素是砧木和接穗亲和力。嫁接后砧木和接穗双方都能长出愈伤组织，但能否成功愈合取决于两者的亲和力。亲和力是指砧木和接穗能够愈合的能力，其程度因两者内部组织结构、新陈代谢、生理和遗传特性方面的差异而异。差异越大，亲和力越小，嫁接成活率越低。不过，亲和力并不完全取决于物种的亲缘远近，还取决于嫁接组合方式。如将桃的接穗接在李的砧木上易成活，反之嫁接则很难成活。同属植物嫁接组合的成活率不一定高，如温州蜜柑与酸橘的嫁接组合反而不如与异属的枸橘的亲和力强。

砧穗的亲和力可分成以下 3 种类型：

（1）有亲和力　一般亲缘关系近的植物亲和力强。同种内不同品种、不同类型植物间嫁接一般都是亲和的。同属的种间嫁接也具有亲和力，但相对于同种间嫁接的亲和力较差。

（2）无亲和力　砧穗无法愈合，嫁接后无法成活，称为无亲和力。一般出现在亲缘

关系较远的嫁接组合上，如不同科之间的植物嫁接基本都无法成活。不亲和一般与砧穗的遗传差异等有关。

（3）亲和力差　亲和力差表现在局部不亲和或嫁接后期不亲和。亲和力差的特征如下：

① 无法成活或成活率低。

② 嫁接后在生长季的后半期出现叶变黄、早期落叶、生长缓慢或停止、新梢枯死等现象。

③ 嫁接后能生长，但一段时期后死亡，称为后期不亲和。这种现象多出现在同科不同属或同属不同种之间的嫁接组合中。出现后期不亲和的原因较多：一是输导组织未完全连接，在嫁接口上形成一个大疙瘩。二是嫁接后砧穗会产生如单宁、胶质等有毒有害物质，阻隔了愈伤组织的接合或毒害组织致死，表现为嫁接处易折断。另外，砧穗间的新陈代谢不协调也会导致后期不亲和。

④ 砧木和接穗间的生长速度或生长势有显著差异。表现为接口上、下部分或接口的生长过盛，或者接口处在横向上出现褐色线或坏死部分。例如嫁接成活后出现上粗下细的"小脚"现象，或下粗上细的"大脚"现象。这种接口处过度生长的现象被认为大多是砧木和接穗不亲和的表现。但也有例外，如温州蜜柑嫁接在枳壳上常出现砧木膨大的现象，但它们之间是亲和的。

⑤ 砧木和接穗营养生长开始和结束的时间不一致。

⑥ 接口处在形成愈伤组织后未分化形成形成层和维管束，导致砧木和接穗连接阻断，最终导致根系死亡。如果在砧木和接穗间加入两者均亲和的中间砧，可消除这一不亲和现象，这种现象被称为局部不亲和。

砧木和接穗贮存的营养也影响成活。如果两者贮存的养分较多，一般成活率较高。如果接穗采集后由于高温失水过多，或已经开始萌发而消耗了贮存的养分，则一般无法形成愈伤组织。纤细、不充实的接穗也不易形成愈伤组织。受病虫危害的砧木的生命力较弱，不易嫁接成活。因此，选择健壮、饱满的芽或枝作为接穗，选择健康生长的砧木进行嫁接。

在嫁接时，砧木和接穗切面被破坏的细胞暴露于空气中，细胞内氧化形成不溶于水的单宁复合物，它可使蛋白质沉淀，从而在切面形成一层隔膜，如果细胞中的单宁含量较高，隔膜的厚度会增加，最终致使嫁接切口愈合困难，成活率低。对于含单宁较多的树种，在嫁接时要求熟练掌握嫁接技术，并且嫁接动作要快。

有些树种断砧后会在切口处流出大量的树液，称为伤流，如核桃。在嫁接时，这些伤流会阻碍切口处细胞的呼吸作用，影响愈伤组织的形成和生长，从而导致嫁接成活率降低。因此，对于这类树种应选在伤流少的季节进行嫁接，如春季萌动前。

2. 外因

（1）温度　温度对根系的吸收、细胞的分裂和生长都有影响，温度过高或过低都会影响愈伤组织的形成。一般情况下，适宜愈伤组织形成的温度在 $13\sim32℃$，这种温度可使细胞迅速生长，最适宜温度为 $20\sim28℃$，低于 $13℃$ 时愈伤组织形成缓慢且数量很少，高于 $32℃$ 时愈伤组织发生受阻。

（2）湿度　愈伤组织是由易受空气相对湿度影响的薄壁细胞组成。若接口较为干燥，接口会丧失大量水分，从而阻碍愈伤组织形成，这也是导致嫁接失败的重要原因。保持接口处具有足够的湿度，对形成大量的愈伤组织具有促进作用。嫁接时常用塑料薄膜包扎绑缚以保湿，用 0.06～0.07 mm 的地膜将接合部及接穗全封，保湿以提高嫁接成活率。

（3）嫁接技术　嫁接时切口的平滑程度与嫁接过程的速度都影响嫁接成活率。切口不平滑，会形成较厚的隔膜，愈伤组织不易突破，最终影响嫁接口的愈合。即使稍有愈合，发芽也非常缓慢，生长衰弱。因此，嫁接时要求使用锋利的刀，操作时要迅速，切口要平滑，砧木和接穗的形成层要对准，绑扎要紧，以成活率。

二、常用嫁接方法与步骤

（一）工具与材料选择

1. 工具

枝剪、嫁接刀、手锯、塑料薄膜、油石、水磨石、湿布。

2. 砧木

根据嫁接树种选择培育生长健壮的砧木。砧木种类对嫁接成活率、嫁接部位的愈合以及嫁接植株的寿命、生长、结果、果实品质、适应性、抗性有影响，砧木的健康状态对嫁接成活率也有很大的影响。砧木的选择应具备以下特点：与接穗树种具有良好的亲和力；嫁接成活后接口亲和力好；有发达的根系和较强的适应性，抗性强；易繁殖，能大量繁殖。

3. 接穗

接穗的选取、运输和贮藏方法对于提高嫁接成活率具有非常重要的作用。接穗细胞分裂快、生长势强，能形成的愈伤组织较多，嫁接成活率高。因此，应从良种母树采集生长健壮、芽饱满、无病虫害的枝条作为接穗。由于嫁接时期和嫁接技术方法的不同，所选接穗也有所差异，一般多采用 1 年生枝条，也可采用当年生半木质化枝条的情况。

采集的接穗需要剪去叶片，以降低水分蒸腾，一般叶柄剪留 1 cm 长，以便于嫁接时的操作及观察嫁接成活率。按品种捆扎，挂好标签，用湿布或湿卫生纸等包好保温，装入塑料袋或纸箱中待运或待用。在运输途中应注意保湿。

接穗最好随采随用。接穗太多，近期用不完时，应将接穗用湿布或湿的卫生纸等包好保湿，或用湿沙贮藏，但芽较长或枝条较嫩的品种不宜湿沙贮藏，以防芽被弄断或枝条受伤。一般要求在 3～4 d 内接完，否则嫁接成活率降低。

（二）嫁接时期选择

适时嫁接是成活的关键之一。经济林的适宜嫁接时期因树种、地区、气候条件、嫁接方法的不同而异。伤流严重的树种宜在春季萌动前或该树种伤流少的季节进行嫁接。枝接一般在春梢、夏梢老熟后进行。若在接穗抽梢时嫁接，由于枝条营养消耗大，成活率低。芽接宜在易剥皮的生长季节进行。

（三）嫁接方法选择

1. 芽接法

（1）盾状芽接法

常用嫁接
方法图解

砧木的选择与处理：砧木一般选健壮的、直径 0.5～1.5 cm 的 1～3 年生苗，嫁接口之下的萌蘖枝应剪除，以便嫁接。嫁接口选择离地面约 10 cm 的平滑主干部位。然后，用芽接刀沿树干横向划一刀，切口长度小于树干周长的 2/4，深至木质部即可，再垂直于横向刀口中心处纵切一刀，长度约 2.5 cm，深至木质部，使整个切口呈"丁"字形。嫁接时使用嫁接刀挑开树皮。

削取芽片：切取的芽片应与嫁接口长度相同，提前在芽上方 1 cm 处横向切一刀，然后使用刀片自接穗上芽的下方约 1.5 cm 处向上平削，芽片切口要平滑，削为盾状。削取芽片后应尽快插入砧木嫁接口。是否需要切到木质部据树种而定。

插芽及绑缚：将芽片自上而下插入"丁"字形嫁接口中，插紧贴合后自下而上使用薄膜绑缚扎紧，是否露芽据树种而定。

（2）环状芽接法

也称为套芽接或管状芽接。选择砧木通直平滑的部位，使用嫁接刀纵向划一刀，宽 2～3 cm，然后环状剥皮。采用相同的方法，从粗细相同的母树上获取健壮的管状芽圈，将其套贴在砧木上用薄膜扎紧。

（3）补片芽接法

砧木处理：选择砧木光滑部位，纵向平行划两刀，长 2 cm，横向平行划两刀，长 2.5 cm，使其呈正方形或长方形的切口，然后切取部分皮层。

芽片处理：选取健壮、饱满的芽，按相同方法于芽上方 1 cm、下方 1.5 cm 左右 1 cm 处各划一刀，然后用芽接刀另一端的角片将芽轻轻剥下，可进行嵌接。

嫁接：把芽片紧密贴合到砧木的切口上注意不要使芽倒置，最后用薄膜由下而上地包扎紧。

2. 枝接法

（1）切接法

砧木的选择与处理：选生长健壮、1～3 年生的实生苗作为砧木，在距地面 0.1～0.3 m 处切断。然后在皮层带少许木质部处向下切一刀，深 1.5～2.0 cm。

接穗的选择与处理：选取健壮的枝条作为接穗，一般选一年生枝条。一根接穗可保留 1～3 个芽，若保留单芽，在芽下端约 2 cm 处向下端削呈斜形，在芽上端约 0.5 cm 平截。下切口需保持平滑，不带或稍带木质部。若削得太浅，呈现绿色，嫁接后不发芽；若削得太深，呈现白色，嫁接后也不易成活。一般接穗削好后立即嫁接，一些树种可削好后放入清水中，但接穗浸泡时间不得超过 3～4 h，否则会影响成活率。

插接穗：将接穗削面的形成层与砧木的形成层对准插下，使两者形成层紧密贴合，接穗切面应高出砧木斜面约 0.1 cm，以便于砧穗愈合。

包扎薄膜：使用薄膜缚紧，保证切口完全包扎密封，露芽。

（2）劈接法

削接穗：选择芽饱满的部分剪为约 5 cm 的小段，保留 2～4 个芽，在芽下端 0.5 cm

处，用刀削两个光滑斜面，一侧薄、一侧厚，长约 3 cm。

砧木的选择与处理：选取直径大于接穗的砧木，截断，从中部用砍刀向下劈开，深约 3 cm。

嫁接：用砍刀撬开砧木切口，插入接穗，接穗切面薄的一侧向里，厚的一侧向外，使砧穗形成层对齐。然后使用薄膜由下往上绑紧。枝条的节弯曲、枝条粗壮、髓心大的树种不宜用此法，否则砧木在接穗插入时易裂开。

（3）腹接法

在砧木离地面约 20 cm 处，用嫁接刀呈 30° 将砧木斜切，深达木质部，不超过髓心。接穗保留 2~4 个芽，在最下端芽的对面用利刀呈 45° 斜切，最上端与下端切口方向相同，呈 30° 斜切，或者平截。插入接穗时，使砧木和接穗的形成层相互贴合，最后用薄膜捆扎绑紧。枝条粗壮、韧性差的树种常用此法。

另一种接法是：仅在砧木距地面约 20 cm 处，用嫁接刀于木质部和韧皮部间切一刀，并切去少量的皮。接穗的切取与切接法类似，接穗保留 1~3 个芽均可。插入接穗，使砧木和接穗的形成层相互贴合，最后用薄膜捆扎绑紧，露芽或不露均可，不露芽的应在芽萌发时用刀尖挑开薄膜，以免影响芽的抽发。此法用于枝条较细、韧性好的树种。

（4）撕皮接

撕皮接也称为拉皮接。该法不断砧，先在砧木上纵划两刀，宽度与接穗粗度相等，并在中间横切一刀。将树皮拉开，去掉上部拉开的皮的 1/3，避免盖住接穗芽。

（5）合接法

砧木和接穗直径相近时适用此法。

切削砧木：在距地面约 20 cm 处的砧木平直部位使用刀片自下而上呈 30° 斜切，长 2~3 cm，切口要平整。

削接穗：取与砧木直径一致的枝条作为接穗，在接穗下端通直平滑部位用刀片呈 30° 斜切，切面应与砧木切面的长、宽一致，保留 2~4 个芽即可。在距离最上端芽约 0.8 cm 处平削。

嫁接：将接穗下端的斜切面与砧木的斜切面贴合，使两者的形成层对齐，然后采用塑料薄膜捆绑扎紧。

（6）舌接法（刘武奇等，2012）

砧木和接穗直径相近时适用此法。

接穗：在接穗最下端芽的背面呈 30° 斜切长度约 3 cm 的斜面，在切面上离最上端 1/3 处沿接穗纵划一刀，长度约为切面的 1/2，呈舌状，接穗一般带 2~4 个芽。离最顶芽 0.5~0.8 cm 削断。

砧木：在砧木适合的部位，用刀自下而上斜呈 30° 划一刀，削面长度约 3 cm。在切面上离最上端 1/3 处沿接穗纵划一刀，长度约为切面的 1/2。

嫁接：将砧穗的舌状部位贴合，使形成层对准，最后用塑料薄膜捆绑扎紧。

（7）芽苗砧嫁接法

育苗砧：将种子层积沙藏催芽，当砧木幼苗第一片叶即将展开之际即可嫁接。

切苗砧：先把过长的幼根用刀切除，保留 10~15 cm。在苗砧上距离叶柄着生处约

2 cm，用刀片削去上端，在苗砧胚茎上沿横切面中心纵切一刀，长度为 1.0～1.5 cm，应稍短于接穗切面的长度。

削接穗：选取当年生芽饱满健壮的半木质化枝条作为接穗，以单芽为宜，保留叶片。使刀片的刀口向外与接穗呈 5°～10°，在芽稍下方直划一刀，再于接穗里侧同样划一刀，使削面成楔形，长约 1.5 cm，可置于清水中浸泡，2 h 内使用。

嫁接：将宽 1 cm、长大于砧木和接穗的周长的铝片卷成半圆形。先将砧木胚茎放入其中，一面对准砧木的切口，将接穗插入砧木切口中，接穗厚的一侧在外，一边对齐。插好接穗后，把铝片往上提，直至圈套上沿刚好与砧木胚茎的上方横切口相平即可，捏紧铝片（注意不要弄伤胚茎）。把嫁接好的苗木马上用湿布盖好。

假植和移植：将嫁接苗放于假植沙床上或在湿润的土壤或苔藓的箱中，其深度至砧木接穗结合部，覆塑料薄膜以保湿，最后架设荫棚，保持透光率约 40%，在温度约 22℃的条件下培养。

芽萌动展叶时即可去除薄膜，抹萌并适当喷水，逐渐揭去荫棚，待伤口愈合后立即进行移植。

（8）桥接法

选择亲和力好、生长健壮的 1 年生枝条，根据树干树皮口的宽度，把枝条上、下端的同侧削成马耳形长斜面。在伤口两端树皮完好的部位，上端用刀呈 30° 向上斜切，深达木质部，不超过髓；枝条下端呈 20°～30° 斜向下切，深度与上端相同；然后将接穗上下端切面与砧木上下切口的形成层对准贴合，并用塑料薄膜由下而上捆绑扎紧，待嫁接口愈合后可解绑。

（9）靠接法

嫁接时剪下接穗，只需在砧木和接穗上各削一个切面，然后将两者的削面靠合在一起，使形成层对准，再用塑料薄膜捆绑扎紧即可。嫁接成活后，截去嫁接部位以上的砧木和嫁接部位以下的接穗部分。常见接法有：

合靠接：各在砧木和接穗木质部与皮部间削去 2～3 cm 稍带木质的树皮，然后靠接。

舌靠接：与合靠接相似，只是在切面切成后，再在砧木上向下呈 20° 斜切一刀，深至木质部，于接穗上向上呈 20° 斜拉一刀，深至木质部。接合时，砧穗的舌片要互相插紧，形成层要对准。

（10）插皮接

此法应在生长季节树液流动、砧木易剥皮时进行。

砧木：在砧木光滑的表皮处，由上至下垂直切一刀，深达木质部，用刀沿刀口挑开两边皮层。

接穗：在接穗最下端芽的背面下方 1～2 cm 处切一个长 2～3 cm 的大斜面，再在大斜面背面近尖端削一个约 0.5 cm 的小斜面。将接穗插入砧木的皮层中捆绑。一般情况下，常在砧木上以"品"字形嫁接。

（四）嫁接前后的管理

1. 嫁接前管理

嫁接前如遇干燥天气，需提前 3 d 浇水，以提高细胞代谢活跃度，提高嫁接成活率。

在嫁接后 2~3 周观察成活情况，接穗保持原有颜色，芽饱满，伤口愈合，开始萌芽为成活。若没有露芽，应挑开薄膜，避免芽死亡。接穗变褐色或黑色，皱缩，枯萎，叶柄枯黄为嫁接失败，应尽快补接，以免错过最佳嫁接时期。

2. 截砧和解除捆扎

对芽接、腹接和靠接等方法，在嫁接后，需在接口上端约 2 cm 处截去砧木上端部分。对于保水性较差的树种分两次截砧，第一次在距接口 5~10 cm 处截断，等接穗芽萌发后再在接口往上约 1 cm 处截断。

当接穗萌芽出来的新梢老熟后，薄膜开始阻碍其生长时要及时解绑，否则薄膜将陷入皮部而束缚接穗的生长，使嫁接部位上下运输受阻，形成肿瘤，严重时造成植株死亡。

3. 抹芽

嫁接后，接穗抽梢前甚至是接穗已抽梢时都要经常抹除砧木上的萌芽，使砧木的水分及营养集中供应接穗，促进愈合和生长。

4. 除草

为了保持嫁接苗的良好生长，圃内应保持无杂草。尽量采用人工拔除的方式，以免伤及苗木的枝叶及根系。

5. 施肥和排灌

一般每两周施有机肥或商品肥 1 次，施肥时应选择干旱天气进行，合理安排灌溉频次，保持土壤湿润。

6. 病虫害防治

接穗抽梢后要经常喷药以防治病虫害。

7. 定干整形

嫁接苗在出圃前，应根据所用砧木及所选定的树形确定主干高度、整形修剪。定干高度因树种不同而异。

实验内容

【实验目的】

了解林木嫁接繁殖的优势，分析和理解影响嫁接成活的因素及其作用机理；学习和掌握常用的嫁接技术及方法。

【实验材料与器具】

海南油茶、嫁接刀、砍刀、小刀片、塑料袋、标牌等。

【实验步骤】

1. 确定嫁接时间

芽接选生长季节中砧木的皮层能够较容易剥离的时期进行，一般以秋季为宜。

2. 接穗的选择与处理

选取生长健壮的优良母树的枝条作为接穗，一般选择树冠外圈中上部，生长健壮、饱满、尚未萌动、无病虫害的 1 年生枝条。削接穗时，可选择单芽切接或多芽切接两种，多芽切接一般留 2 ~ 4 个饱满的芽，单芽切接只留一个饱满芽，在芽下端 2 cm 处斜向下以 45° 削断，此面称"长削面"；再在芽下端约 0.5 cm 处平削一刀，称"短削面"。保持切口平滑，削下皮层不带或稍带木质部，切到形成层时呈现黄白色。若削得太轻，呈现绿色，嫁接后不发芽；若削得太重，呈现白色，嫁接后也不易成活。一般接穗削好后立即嫁接，一些树种削好后可放入清水中，但接穗浸泡时间不得超过 3 ~ 4 h，否则会影响成活率。

3. 砧木的选择与处理

选生长健壮、1 ~ 2 年生的实生砧木。在距地面 10 ~ 30 cm 处断砧，选择砧木切口平滑的一面稍微削去少许，以便于辩认形成层的位置）。然后在皮层与木质部间稍带木质部沿砧木向下切一刀，约 1.5 cm，保证切面要平直。

4. 插接穗

将接穗长削面的形成层与砧木的形成层对准插下，使两者形成层紧密贴合，接穗切面应高出砧木约 0.1 cm，以便于砧穗愈合。

5. 包扎薄膜

包扎薄膜时松紧度要适中，切口完全包扎密封，防止接穗移动。

【作业】

撰写实验报告，提交嫁接管理及成活调查表。

【常见问题分析】

1. 失水接穗的处理方法不当

在一些特殊情况下，由于采集后的接穗无法立即嫁接，可能导致接穗失水萎蔫。若直接使用，会降低嫁接的成活率。为了解决这个问题，可将接穗浸泡在清水中。若接穗吸水恢复，晾干后可继续使用；若接穗不能恢复但不要绑得太紧，则不能使用。

2. 对粗砧木的绑缚方法不当

一些树木进行高接时，因砧木较粗，最后一步的包扎较为困难。此时，可以直接外套塑料袋来保湿。具体做法是，在嫁接时先用绳或塑料薄膜绑紧接穗，但不要绑得太紧，然后再外套一个塑料袋保湿。该法在芽萌发后需解除塑料袋，工作量大，较为麻烦。此外，如果遇晴天还会导致芽烫伤。为了避免上述问题，可以将一块比砧木稍粗的塑料布覆盖在砧木截面上，然后使用窄塑料条来绑扎，此法简单、可靠。

3. 接穗上部芽的处理不当

很多时候由于使用的接穗段较长且保留的芽数量较多，嫁接成活后会萌发出多条新梢，若不及时去除，会导致生长发育参差不齐。一般接穗上部只留单芽，最多 4 个芽。

4. 嫁接后解绑不及时

嫁接成活后，一般 2 ~ 3 周应及时去掉绑缚的塑料薄膜。如果不及时去除，塑料条会影响砧木在嫁接处的生长，甚至会导致塑料条陷入砧木内部，从而导致接穗死亡，降低成活率。

5. 塑料条的缠法不合理

最后一步的绑扎分为自上而下和自下而上两种绑扎方法。及时解绑，两种方式的成活率相差不大。若无法及时解绑，使用自下而上法较好。这是因为大多数生长束缚的问题都是由于最后的绑扎过紧造成的，一般在芽上面绑扎较轻，对接芽生长的影响较小。

6. 接穗切削应平滑

嫁接时，切口的平滑程度和嫁接过程的速度都影响嫁接成活率。因此，嫁接时要求使用锋利的刀，操作时要迅速，切口要平滑，砧木和接穗的形成层要对准，绑扎要紧，这样才能提高嫁接成活率。

【参考文献】

1. 赵绍文. 林木繁育实验技术 [M]. 北京：中国林业出版社，2005.

2. 冯金玲. 油茶芽苗砧嫁接体愈合机理研究 [D]. 福州：福建农林大学，2011.

3. 梁立峰. 果树栽培学实验实习指导（南方本）[M]. 2版. 北京：中国农业出版社，1997.

4. 刘武奇，姚汉辉，马洪军，等. 用插皮舌接和方块芽接法改接核桃大树 [J]. 落叶果树，2012，44（6）：17-18.

5. 河北农业大学. 果树栽培学总论 [M]. 2版. 北京：中国农业出版社，1996.

6. 翁心桐. 介绍果树桥接法 [J]. 中国农业科学，1952（3）：24-25.

7. 中南林学院. 经济林栽培学 [M]. 北京：中国林业出版社，1989.

8. 朱永安，吴红强，刘海仓，等. 桂花高接换冠嫁接技术研究 [J]. 湖南林业科技，2017，44（4）：24-27.

実験二十

木本植物组织培养

基础知识

一、植物细胞的全能性

植物细胞全能性是指每个植物细胞都具有该植物的所有遗传信息，具有生长发育成一个完整植株的能力。植物组织培养就是基于植物细胞全能性这一理论基础实现的。受精卵是具有该植物全部遗传信息的一个特异细胞，大部分植物细胞都是通过受精卵分裂分化产生的。因此，理论上植物的所有细胞都具有与受精卵完全相同的遗传信息。植物体细胞作为植物体的一部分，由于受到所处组织和器官环境的限制，仅表现出局部功能和一定的形态特征。但并未丧失遗传潜能，一旦这些细胞脱离了原来环境的束缚，成为游离状态，在适宜条件下，就会表现全能性，经过脱分化和分裂形成愈伤组织或胚状体，然后分化成为一个完整的植株。

二、植物离体细胞的脱分化和再分化

将植物已分化的离体细胞置于能促进细胞增殖的培养基上进行培养，细胞内会发生某些变化，从而使细胞进入分化状态。一个已分化的细胞转变为可以分裂的分生状态细胞的现象称为脱分化。在组织培养中，从植物体上切下一部分组织或器官进行培养，切取的组织或器官称为外植体。外植体通常因组织的不同而存在差异，因此每个外植体脱分化形成的愈伤组织的再分化能力也不同。一个已分化的植物细胞若要表现出全能性，一般要经历脱分化、分裂和再分化两个过程。再分化又包括两种方式：器官发生和胚胎发生。一般情况下，先脱分化形成愈伤组织，然后再发生再分化过程。但在一些特殊情况下，脱分化的细胞可以不经愈伤组织阶段，直接再分化。

三、激素对植物离体培养的效应及机制

1. 激素对植物离体培养的效应

（1）生长素 生长素是一种可以影响细胞分裂、伸长和分化的植物激素，也会对植物营养器官和生殖器官的生长、成熟以及衰老产生影响。生长素多用在组织培养的愈伤组织诱导和根的分化中。此外，其与一定量的细胞分裂素配比使用可以诱导植物不定芽的形成，胚状体的诱导也常用生长素。常用的生长素包括吲哚乙酸（IAA）、α-萘乙酸（NAA）、吲哚丁酸（IBA）、萘氧乙酸（NOA）、2,4-二氯苯氧乙酸（2,4-D）、对氯苯氧乙酸（P-CPA）、2,4,5-三氯苯氧乙酸（2,4,5-T）和 ABT 生根粉等。

（2）细胞分裂素 细胞分裂素对于细胞分裂、发芽、果实生长、延缓衰老等具有重要作用，在组织培养中常被用于促进愈伤组织细胞的分裂和分化，还对胚状体和不定芽的形成具有诱导作用。细胞分裂素可以解除顶端优势，从而促进侧芽的生长，常用于继代和增殖培养，以及离体成花的调控。细胞分裂素易溶于 HCl 或 NaOH 溶液，通常溶于 0.5 mol/L HCl 或 1 mol/L NaOH 溶液中配制成母液。常用的细胞分裂素包括：6-苄基腺嘌呤（6-BA）、异戊烯氨基嘌呤（2-IP）、玉米素（ZT）和呋喃氨基嘌呤（KT，也称激动素）。其中 ZT 是天然的，活性最强，但价格昂贵。近年来，人工合成物 TDZ（N-苯基-N-1,2,3-噻二唑-5-脲）对于愈伤组织生长也具有促进作用，是一种具有细胞分裂素活性的物质。组织培养中使用的 TDZ 浓度通常为 0.002～0.2 mg/L，浓度易使发生苗木玻璃化。

（3）赤霉素和脱落酸 相对于细胞分裂和生长素，赤霉素（GA）和脱落酸（ABA）并在组织培养中并不常用。植物中天然存在着约 100 种天然的赤霉素。赤霉素不仅可以加速细胞的伸长生长，也可以促进细胞分裂。赤霉素在多数情况下对于器官和胚状体的形成具有抑制作用，但其可以促进已分化形成的器官和胚状体的生长。赤霉素在水中的溶解度非常强，1 L 水中可溶解 1 000 mg，但溶液不稳定，易分解。因此，在植物组织培养中使用 GA$_3$，需将其溶于 95% 乙醇作为母液在冰箱保存。

ABA 可促进植物叶片和果实的脱落，使植物进入休眠、提高抗逆性等，同时对细胞的分裂和伸长具有抑制作用。在植物组织培养中，一些研究发现 ABA 在胚的发生和发育阶段有重要影响，ABA 可使显著提高胚发生的频率和质量，它还对胚状体的发育及成熟具有促进作用，但无法促进萌发。此外，ABA 也可以促进一些植株不定芽的分化。

（4）多胺 多胺是一类含有两个或更多氨基的脂肪族化合物，主要由鸟氨酸和精氨酸合成。因其对植物的生长发育具有重要作用，被人们认为是一种新型植物激素。随着多胺越来越多地运用于植物组织培养中，研究发现多胺能够明显促进一些植物外植体不定根、不定芽、体细胞胚的发生和发育。

（5）多效唑 多效唑又名氯丁唑，是一种高效的植物生长调节剂，毒性较低，具有延缓植物生长、抑制茎伸长、促进植物分蘖、促进生根、延缓衰老和杀菌等作用。在植物组织培养中，多效唑主要应用于试管苗的壮苗、增强抗逆性及提高移苗成活率等方面。多效唑的作用原理是通过阻碍赤霉素的生物合成来发挥作用，同时也会对其他植物内源激素的含量和生理过程产生影响。

　　2. 激素调控器官分化的模式及机制

　　不同的植物生长调节剂在发挥作用时表现出一定的专一性，但每种生理现象都是由多种因素控制的，因此这种专一性作用是相对的。在植物组织培养中，不同生理效应一般由多种内源和外源生长物质共同作用。具体表现在以下几个方面。

　　（1）不同植物生长调节剂的浓度和配比　研究发现，芽和根的形成受生长素和细胞分裂素相互作用的影响。合适浓度和比例的生长素与细胞分裂素在愈伤组织的生长与器官分化中发挥重要作用。

　　（2）拮抗作用　细胞分裂素和生长素在植物的顶端优势中表现出拮抗作用，在植物组织培养中细胞分裂素常被用于解除顶端优势，以加快侧芽分化；生长素和脱落酸在植物叶片脱落效应上也表现出拮抗作用；脱落酸可以加速器官脱落，与生长素作用效果相反。在种子萌发过程中，赤霉素具有促进作用，而脱落酸则有抑制作用。

　　（3）外源生长调节剂对内源激素的影响　在植物组织培养过程中，常施用一些外源生长调节剂来调节内源激素的平衡。外植体可以直接吸收这些外源生长调节剂，进一步在外植体中被修饰和转化，然后转变成多种分子形式共存于外植体中，包括活化、贮藏和运输3种形式。通过对分子间的转化，平衡的活化与钝化，进一步调节细胞的分裂和分化。

四、体细胞胚胎的形成机制

　　植物体细胞胚胎发生是指已经完成分化的体细胞在激素诱导下脱分化，然后经历胚性细胞分化过程，最终形成外部形态和内部机制均完善的胚状体的过程。脱分化后的体细胞在经历胚性细胞分化的过程中，受到多因子作用，如 cAMP 通过调控基因表达使细胞内 pH、Ca^{2+} 浓度等发生变化，进一步调控基因的表达，诱导体细胞胚的分化。

　　细胞通过细胞周期实现细胞分裂和增殖，即通过一系列有序的细胞内事件来完成细胞分裂和增殖的过程。有证据表明，Ca^{2+} 参与植物细胞周期的调控过程，钙调蛋白（CaM）在细胞外也可促进细胞增殖。植物细胞壁上有 CaM 的结合位点，CaM 可以结合在细胞壁上跨膜传递信号，以此调节细胞的生长与分化。在外源生长调节物质的作用下，通过诱导相应基因的表达改变细胞的分裂状况，启动体细胞向胚性细胞转变。

五、植物组织培养的基本操作方法

（一）仪器设备

　　1. 灭菌设备

　　（1）高压蒸汽灭菌锅　植物组织培养必备的设备之一，对培养基和实验用具进行灭菌。有大、中、小型及电脑控制自动化等多种类型，根据需要选择。

　　（2）过滤灭菌器　利用过滤原理进行灭菌的装置。常用的滤膜过滤器，由微孔网和支座构成，常用的孔径有 0.22 μm 和 0.45 μm 两种。过滤原理是将带菌的液体或气体通过微孔滤膜，使菌被阻隔在滤膜上，达到除菌的目的，滤膜器常采用热不稳定性材料制成，应避免高温灭菌。

　　（3）烘箱　用于干燥各种实验用具。

2. 接种设备

（1）超净工作台 该设备相对于接种箱使用更方便，无菌效果更好，可分为单人面式、双人单面式、双人双面式和多人式等，还有开放和密封之分。工作原理是通过风机送风，进入的风经过滤装置去除微生物及杂质，结合紫外线灯对操作台空间进行灭菌，以达到无菌的操作环境。使用前一般要求打开紫外线灯及风机灭菌 20 ~ 30 min。

（2）细胞融合仪 是对细胞原生质体进行融合的设备。它的基本操作是将一定密度的细胞或原生质体悬浮液置于细胞融合仪的融合室中，开启单波发生器，使融合室处于低电压的非均匀交变电场中，促进细胞或原生质体发生极化并相互靠近，然后给以瞬间的高压直流电脉冲，通过击穿细胞原生质体膜接触面而导致原生质体的融合。需要注意的是，这种原生质体膜的击穿是可逆的。

（3）基因枪 是高等植物遗传转化的基本设备。常用的有高压放电基因枪、压缩气体驱动的基因枪。基因枪转化的基本原理是通过高压气体等动力，发射携带重组 DNA 的金属颗粒（金粉或钨粉）击穿植物组织、细胞等受体，将外源基因直接导入受体细胞并整合到染色体上。

3. 培养设备

（1）培养架 存放固体培养基及大量试管苗的支架。

（2）光照培养箱 为了提供更适宜的培养条件，对于一些对环境条件要求严格的培养物，应使用自动调整温度、湿度和光照的智能型光照培养箱。光照培养箱多用于小规模培养，如原生质体培养、遗传转化及名优珍稀植物的外植体分化培养和试管苗生长实验。

（3）恒温振荡器 包括摇床和旋转床，常用来进行细胞悬浮培养，以改善培养过程中氧气的供应情况。旋转床有一个垂直旋转的转盘，工作时呈 360° 回旋，常用转速为 1 min/ 周。在培养材料旋转时，使培养材料在培养液和空气中不断重复。摇床则是水平方向上往返式振荡，约 120 r/min，通过振荡使材料上下翻动。

（4）生物反应器 该设备常用于较大规模细胞培养及毛状根培养，规格型号较多。细胞悬浮培养主要使用 3 种生物反应器：机械搅拌式、鼓泡式和气升循环式，用于实验室的生物反应器一般为 5 ~ 100 L。

（5）其他设备 为了给植物组织培养实验室创造适宜的温度、光照、湿度等环境条件，需要在培养室安装包括空调、日光灯、加热器、加湿器等设备。

4. 其他设备

分析天平、pH 计、纯水仪、离心机、磁力搅拌器、冰箱、移液器、电磁炉、微波炉、真空泵、恒温箱、培养基分装器等。

5. 玻璃器皿、器械用具、封口材料等

试管、三角瓶、培养皿、培养瓶、圆形瓶、量筒、镊子、手术剪、解剖刀（针）、接种针、封口膜、橡皮筋、锡箔纸、牛皮纸等。

（二）实验试剂

1. 外植体消毒剂的选择和使用

（1）乙醇 植物组培中，一般使用 70% ~ 75% 乙醇，此浓度范围的乙醇具有较强的穿透力和杀菌力。由于乙醇对植物材料具有破坏作用，使用乙醇处理材料时一般不超过 30 s，具体因外植体材料情况而定。乙醇不仅可消毒，还可以浸润外植体材料。一般组培时外植体都应先使用乙醇进行浸润，然后再用其他消毒药品处理。对于一些有茸毛的外植体材料，材料不易被消毒剂侵入，则可以先用 70% 乙醇处理几秒，然后再进行消毒。

（2）氯化汞　一般使用 1~2 g/L 的氯化汞处理外植体，通常处理时间 6~10 min 即有较好的效果，具体时间因植物材料情况而定。氯化汞对植物材料具有毒害作用，因此处理结束后需用无菌水冲洗 5 次以上，以确保残留的氯化汞被清洗干净。氯化汞作为重金属，对环境的污染极其严重，因此使用过的氯化汞需要进行回收。也可向使用后的氯化汞中加入硫化钠，使其失活。

（3）次氯酸钠　商品名为"安替福民"，为黄色澄清液体，每 100 mL 含有 5.68 g 活性氯、7.8 g 氢氧化钠和 32 g 碳酸钠，有氧化性和腐蚀性，将此溶液稀释，配制成 2%~10% 的次氯酸钠溶液。处理外植体时，时间一般为 15~30 min，处理后也要用无菌水冲洗，一般 3~4 次即可。

（4）漂白粉　漂白粉的主要成分之一是次氯酸钙，含量 10%~20%。在组培中，用漂白粉水溶液的上清液清洗外植体 20~30 min，可达消毒作用。漂白粉对植物材料伤害程度小，也容易清洗。

（5）过氧化氢　植物组织培养中一般使用 6%~12% 过氧化氢，它对植物材料伤害程度小，且容易去除外植体表面的残留物。常用于叶片材料的消毒。

（6）其他消毒剂　还可以用 1%~2% 溴水或 1% 硝酸银溶液处理外植体，前者处理时间为 5~10 min，后者处理时间为 15~30 min。

在对外植体进行消毒时，一般会添加表面活性剂，帮助杀菌剂更好得浸润整个组织。常用的表面活性剂有吐温 80、吐温 20 和洗涤剂。吐温的使用浓度为 0.1%。同时常结合磁力搅拌、超声波等方法，以达彻底消毒的目的。

2. 基本培养基的种类及特点

（1）MS 培养基　无机盐浓度较高，溶液较稳定，营养成分的数量和占比较合适，可满足植物生长的基本需要，其成分及含量见表 20-1。

表 20-1　MS 培养基的成分及含量

成分	含量 /（mg·L⁻¹）	成分	含量 /（mg·L⁻¹）
硝酸铵（NH_4NO_3）	1 650	氯化钴（$CoCl_2·6H_2O$）	0.025
硝酸钾（KNO_3）	1 900	硫酸锰（$MnSO_4·4H_2O$）	22.3
磷酸二氢钾（KH_2PO_4）	170	硫酸锌（$ZnSO_4·7H_2O$）	8.6
硫酸镁（$MgSO_4·7H_2O$）	370	硼酸（H_3BO_3）	6.2
氯化钙（$CaCl_2·2H_2O$）	440	甘氨酸	2
硫酸亚铁（$FeSO_4·H_2O$）	27.8	盐酸硫胺素	0.1
乙二胺四乙酸二钠（Na_2EDTA）	37.3	盐酸吡哆醇	0.5

续表

成分	含量 /（mg·L^{-1}）	成分	含量 /（mg·L^{-1}）
碘化钾（KI）	0.83	烟酸	0.5
钼酸钠（Na$_2$MoO$_4$·2H$_2$O）	0.25	肌醇	100
硫酸铜（CuSO$_4$·5H$_2$O）	0.025	蔗糖	30 000

pH 5.8

（2）White 改良培养基 该培养基的无机盐含量较低，适用于生根和胚胎培养，对一般组织培养也有很好的效果，木本植物的组织培养也适用。最初是 White 在 1943 年为进行番茄根尖培养而设计的。在 1963 年，其提高了 MgSO$_4$ 的浓度并增加了硼酸，经改良后的培养基命名为 White 培养基，其成分及含量见表 20-2。

表 20-2 White 改良培养基的成分及含量

成分	含量 /（mg·L^{-1}）	成分	含量 /（mg·L^{-1}）
硝酸钾	80	硼酸	1.5
硫酸镁	720	硫酸铜	0.001
氯化钙	300	氧化钼（MoO$_3$）	0.000 1
钼酸钠	200	甘氨酸	3
氯化钾（KCl）	65	盐酸硫胺素	0.1
磷酸二氢钠（NaH$_2$PO$_4$·H$_2$O）	16.5	盐酸吡哆醇	0.1
硫酸铁 [Fe$_2$(SO$_4$)$_3$]	2.5	烟酸	0.3
硫酸锰	7	肌醇	100
硫酸锌	3	蔗糖	20 000

pH 5.6

（3）B$_5$ 培养基 1968 年由 Gamborg 等人为培养大豆根细胞而设计的。该培养基铵盐含量较低，因为铵盐对培养材料的生长有抑制作用，其成分及含量见表 20-3。

表 20-3 B$_5$ 培养基的成分及含量

成分	含量 /（mg·L^{-1}）	成分	含量 /（mg·L^{-1}）
磷酸二氢钠	150	钼酸钠	0.25
硝酸钾	3 000	硫酸铜	0.025
硫酸铵 [(NH$_4$)$_2$SO$_4$]	134	氯化钴	0.025
硫酸镁	700	碘化钾	0.75
氯化钙	150	盐酸硫胺素	0.4

成分	含量 / (mg · L^{-1})	成分	含量 / (mg · L^{-1})
硫酸亚铁	27.8	盐酸吡哆醇	1
乙二胺四乙酸二钠	37.3	烟酸	1
硫酸锰	10	肌醇	100
硼酸	3	蔗糖	2 000
硫酸锌	2		
pH　5.5			

（4）N$_6$ 培养基　由我国朱至清等人在 1974 年设计，成分相对简单，硝酸钾和硫酸铵含量较高，不含钼元素，其成分及含量见表 20-4。

表 20-4　N$_6$ 培养基的成分及含量

成分	含量 / (mg · L^{-1})	成分	含量 / (mg · L^{-1})
硝酸钾	2 830	硫酸锌	1.5
硫酸铵	463	硼酸	1.6
磷酸二氢钾	400	碘化钾	0.8
硫酸镁	185	甘氨酸	2
氯化钙	166	盐酸硫胺素	1
硫酸亚铁	27.8	盐酸吡哆醇	0.5
乙二胺四乙酸二钠	37.3	烟酸	0.5
硫酸锰	4.4	蔗糖	5 000
pH　5.8			

（5）VW 培养基　是 1949 年由 Vacin 和 Went 设计的，用于气生兰的组织培养，总的离子强度偏低，磷以磷酸钙的形式供给，但由于磷酸钙水溶性差，配制时需加入 1 mol/L HCl 溶解，VW 培养基成分及含量见表 20-5。

表 20-5　VW 培养基的成分及用量

成分	含量 / (mg · L^{-1})	成分	含量 / (mg · L^{-1})
磷酸钙 [$Ca_3(PO_4)_2$]	200	硫酸镁	250
磷酸二氢钾	250	酒石酸铁 [$Fe(C_4H_4O_6)_3 \cdot 2H_2O$]	28
硝酸钾	525	硫酸锰	7.5
硫酸铵	500	蔗糖	20 000
pH　5.0 ~ 5.2			

（6）马铃薯简化培养基　经济实用，价格约为 MS 培养基的 1/5，易推广和普及。配制方法为：将洗净，未削皮的 200 g 马铃薯切成小块，加一定量的蒸馏水煮沸 30 min，然后用两层纱布过滤。余下的渣滓用相同的方法再煮一次，过滤。两次滤液加在一起不超过培养基总体积的 45%，pH 调整为 5.8 左右即可。

3. 激素浓度的探索

组织培养中对培养材料影响最大的是外源激素浓度。试验中确定基本培养基后，要对各类激素进行浓度探索以及不同激素的配比试验。一般先查阅参考文献，寻找同种或同属植物是否有成功的试验案例，若有则可作为参考进行改良使用；若无，一般采用正交试验设计来探索激素浓度配比。

浓度梯度的选择是试验设计的核心，一般进行两次试验。首先选择一个合适的浓度梯度，将每一种拟使用的激素选择 3~5 个水平，再按随机组合的方式建立起如表 20-6 的试验方案。根据激素配比找到一种或几种比较好的浓度范围。然后，在这些组合的基础上进一步缩小范围，设计出一组新的配方。如在表 20-6 中，认为 6 号培养基最佳，即可在此基础上做出如表 20-7 的设计。

表 20-6　两种激素四种浓度的组合实验

生长素浓度 / (mg·L^{-1})	细胞分裂素浓度 / (mg·L^{-1})			
	0.5	1.5	3.0	4.5
0	1[*]	2	3	4
0.5	5	6	7	8
1.0	9	10	11	12
2.0	13	14	15	16

*：表身中数字代表培养基编号。

一般来说，经过两次试验就可能选出一个适合的激素浓度及配比。再在此基础上进行其他成分的变动实验，如蔗糖和琼脂的用量、培养基的 pH 或添加某些氨基酸等，最后优化得到最佳培养基。

表 20-7　第二次激素浓度设计试验

生长素浓度 / (mg·L^{-1})	细胞分裂素浓度 / (mg·L^{-1})			
	1	1.25	1.5	1.75
0.25	1[*]	2	3	4
0.5	5	6	7	8
0.75	9	10	11	12

*：表身中数字代表培养基编号。

4. 培养条件的选择

（1）培养温度的选择　不同植物的培养温度不一样，多数植物培养温度为 20～30℃，一般控制在 25±2℃恒温条件下培养。温度过低（<15℃）或温度过高（>35℃），都会导致培养材料的生长和分化受到抑制。但对于细胞培养或保存植物资源时，可置于 -196℃条件下，其目的是抑制材料的生长，延长保存时间。某种植物材料的培养温度一般参考该植物的原生环境温度。

（2）培养光照的选择与确定　光照对植物组织的生长和分化都有很大的影响。不同植物培养时需要的光照强度、光照时间和光质等均不相同。细胞、愈伤组织的增殖一般不需要光照，但在分化为器官时需要一定的光照，需要的光照强度为 1 000～5 000 lx，光照时间一般为 12～16 h/d。在试管苗移苗前增强光照强度，可提高移苗后的成活率。对短日照敏感的植物应根据植物情况进行调整。

不同波段的光对植物器官分化有重要影响，如红光对杨树愈伤组织的生长有促进作用，蓝光则有阻碍作用。蓝光促进绿豆下胚轴愈伤组织的形成。蓝光也对烟草愈伤组织的分化具有重要作用，红光和远红光则促进烟草芽苗的分化。一些植物芽的发生通过黄光诱导。不同光质对生物总量、器官发生先后及数量也都有影响，不同的植物对光值也可能有不同的响应。

（3）培养湿度的选择　湿度对组织培养也具有重要作用，通常需要控制培养容器内和培养材料放置环境的湿度。前者湿度常可维持在 100%，后者一般要求保持70%～80% 的相对湿度。湿度过低时易导致培养材料失水死亡；过高则易滋生细菌，污染培养物。湿度过低时，可用加湿器进行增湿；过高时，用除湿机或通风的方式除湿。

（4）培养通气条件的选择　组织培养中，培养容器内产生的不利于植物生长的气体会严重影响培养物的生长和分化。例如，继代转接时烘烤瓶口时间过长或培养基中生长素浓度过高等，都可诱导乙烯合成。高浓度的乙烯会使培养物的生长和分化受到抑制，并使培养的细胞无组织结构地增殖，对植物细胞的形态发生不利。另外，培养物在生长分化时需要氧气进行呼吸，当培养基中氧气的溶解量低于临界值（1.5 mg/L）时，对体细胞胚胎发生具有促进作用，这可能是低溶解氧使细胞内 ATP 的水平提高引起的；而氧气的溶解量高于临界值时，则有利于根的形成。除此之外，培养物代谢过程会产生二氧化碳、乙醇、乙醛等气体，浓度过高会影响培养物的生长发育。因此，培养容器的封口材料应当透气，如棉塞、专用可透气盖、含滤片的封口膜等。容器内外的空气是流通的，不必专门充氧，但液体静置培养时不要加过量的培养基，否则氧气供给不足会导致培养物死亡。

（5）培养基的渗透压　培养基中含有的无机盐类、蔗糖、甘露醇等物质会导致培养基的渗透压发生变化。在生根前的培养中，植物细胞通过渗透压来吸收水分和养分。因此，需使培养基的渗透压等于或略低于培养细胞的渗透压。另外，渗透压还影响细胞脱分化、增殖、再分化等过程。培养基中糖类的含量最多，是决定渗透压的关键物质。因此，通常调节糖类的含量来调节渗透压。另外，糖类还是培养基的碳源和能源，植物离体培养中一般使用蔗糖，较为经济实惠，也可使用葡萄糖和果糖。培养基中糖类的常用浓度为 20～60 g/L。根分化培养基一般为 20～30 g/L。体细胞胚胎发生培养基中糖类含量为 150 g/L，相对其他培养阶段浓度较高。

（6）培养基的 pH　植物在生根后可以根据自身需要自行调节细胞内的 pH，但在植物组织离体培养状态下，需要人为调节 pH。大多数植物适应的 pH 范围为 5.0 ~ 6.5。

（三）实验步骤

1. 培养基的配制

（1）根据培养基的配方，量取一定体积的母液，置于同一烧杯中。

（2）用天平称取一定质量的琼脂和蔗糖。

（3）在琼脂中加入一定量的蒸馏水，加热并不断搅拌，至琼脂融化并呈透明状时停止加热。配制液体培养基则无须此步骤。

（4）将各种母液、蔗糖加入融化的琼脂中，加水定容至所需体积，搅拌均匀。

（5）调整 pH。通常用 1 mol/L NaOH 或 HCl 溶液来节 pH。

（6）配制好的培养基趁热进行分装。可采用烧杯、漏斗直接分注。一般以培养基占容器的 1/4 ~ 1/3 为宜。

（7）培养基分装后应立即灭菌。通常使用高压蒸汽灭菌锅进行灭菌，温度为 121℃ 持续 20 min。也可采用间歇灭菌法进行灭菌，即将培养基煮沸约 10 min，24 h 后再次煮沸 20 min，连续煮沸 3 次，则可达到完全灭菌的效果。

（8）待灭菌后的培养基凝固后，先将培养基放置在无菌培养室中 2 ~ 3 d，若没有杂菌污染则可进行材料培养。

2. 外植体的接种

每次接种前应进行接种室的清洁和杀菌工作，可用 75% 乙醇喷雾来消除空气中的细菌和真菌孢子，使它们随灰尘而沉降。接种前超净工作台表面用 75% 乙醇擦洗后再用紫外灯照射灭菌 20 min。接种工具要提前进行高压灭菌处理。将消毒后的外植体材料于无菌超净工作台上，切成适当大小，然后转移至培养基上。操作中，使用过的镊子、解剖刀要经常在酒精灯上灼烧灭菌（或 70% ~ 75% 乙醇浸泡）。接种者在接种时应佩戴口罩、手套并使用 70% ~ 75% 乙醇进行表面消毒。接种时，动作要小，以避免空气流动将细菌带入培养容器内，造成污染。外植体接种的具体步骤如下：

（1）消毒后的外植体，若体积较大，可在无菌的超净工作台上直接切离，也可在无菌的报纸、滤纸或培养皿上进行。若材料较小，需在显微镜下切离，再进行消毒。

（2）将培养瓶瓶口靠近酒精灯火焰，保持瓶口倾斜（避免细菌落入），将瓶口在酒精灯火焰上灼烧几秒钟，然后用灼烧后冷却的镊子将外植体均匀放置在培养基上，将封口物在火焰上旋转数秒钟，进行封口。

（3）接种完成后，在容器上标注植物名称、编号、日期、接种人。

3. 愈伤组织的诱导与分化

（1）愈伤组织的诱导　植物细胞组织培养的最终目标是获得新生的植物个体。即在无菌的条件下，把从植物体分离下来的细胞、组织或器官置于适宜的营养环境条件下，使其生长发育成一株完整的植株。在这样一个培养周期中，植物材料要发生一系列复杂的变化，包括外部形态特征和内在生理代谢等特征的变化。在外植体培养过程中，愈伤组织的形成是一个十分重要的现象。几乎所有高等植物的离体组织在适当的条件下都能形成愈伤组织，诱导愈伤组织的形成不仅与外植体的来源和种类有关，而且与适宜的培养条件，特别是激素的浓度和配比有关。常用的生长素包括 2,4-D、NAA、IAA，细胞分裂素包括 KT 和 6-BA。

（2）愈伤组织的分化 外植体在外源激素的诱导下分化形成愈伤组织的过程一般可分为诱导期、分裂期和分化期。

① 诱导期 外植体刚从植株上分离下来时，细胞一般都处于静止状态，诱导期是为细胞分裂前做准备的阶段，这时外植体的细胞大小没有明显变化，但细胞内的代谢活跃，是为蛋白质和核酸的合成代谢迅速增加，此时细胞的特点如下：呼吸作用增强，耗氧量明显增加；核糖体数量增加并大多形成多聚核糖体；RNA 和蛋白质的数量迅速增加。诱导期的长短由多种内外因素决定，不同植物存在差异。

② 分裂期 经诱导期后，外植体外层细胞开始迅速分裂，细胞数量倍增，但外植体中间部分的细胞不分裂。分裂期的细胞分裂速度极快，超过生长速度，细胞体积会缩小，变回分生状态。当细胞体积缩到最小，细胞核和核仁变得最大，RNA 含量最高时，说明细胞分裂达到高峰期。

③ 分化期 经分裂期后，外植体形成无规则结构的愈伤组织，开始进入分化期，发生一系列形态和生理生化变化，细胞体积不再缩小，细胞从平周分裂转变为内部的局部分裂，形成片状或瘤状结构，称为分生组织结节，是愈伤组织的生长中心；与此同时，多种酶的活性增加，细胞开始累积淀粉，RNA 和组蛋白开始迅速合成。

愈伤组织在分化时会出现体细胞胚胎发生及营养器官（如芽或根）两种情况，取决于植物种类、外植体类型、生理状态以及环境因子的影响等，有时也会出现难以分化的情况。

4. 继代培养与增殖

当愈伤组织培养一段时间后，培养基的养分和水分开始枯竭，细胞代谢产物大量积累，这时需将愈伤组织转移至新配制的培养基上进行继代培养。继代培养时间因实验目的和培养材料而异。液体培养一般约 1 周进行 1 次继代培养；固体培养 2~4 周进行 1 次继代。

在新鲜培养基上，愈伤组织能够长时间保持增殖状态，如果不对愈伤组织进行继代培养，则会发生分化。

5. 生根培养

将增殖得到的不定芽转移到生根培养基上，诱导分化形成根系，并最终成为一株完整的小植株，即完成了由外植体到植株再生的过程。枝条在离体条件下生根需要10~15 d。一般根长约 5 mm 时移栽最为方便，过长的根在移栽时易断，导致植株的成活率降低。一些植物需要将无根苗进行嫁接生根，一些植物可以将无根试管苗直接扦插到基质中，亦能生根。扦插前一般需要用生根粉或混有滑石粉的 IBA 处理插条切口，然后再插入基质中。

6. 壮苗

试管苗生根形成完整小植株后，炼苗移栽就是植物组培的最后一步。由于试管植株的培养环境为植物最适环境，因此小植株还无法进行自养。移苗后，环境条件不稳定，很容易失水而死亡。因此，移栽前必须进行壮苗锻炼。

壮苗是移栽成活的必经历步骤，不同材料壮苗的方法不同。在培养基中加入适宜的生长延缓剂，如多效唑（PP$_{33}$）、B9 或矮壮素（CCC），可以使试管苗茎高下降、茎秆增粗。壮苗后的试管苗需移到室温下，打开瓶口炼苗，以降低湿度和增加光照强度，促使叶片表面形成角质和气孔开关机制，促使叶片启动光合作用功能。不同植物的炼苗措施不同，如有些单子叶植物炼苗很简单，只要将瓶口打开，在培养基表面加一薄层自来水，置散射光下 3~5 d 就可移栽。而有些植物试管苗极易萎蔫，炼苗时封口膜开始时只能半打开，而且要求环境有较高的相对湿度。喜光植物可在全光下炼苗，而耐阴植物则要在较荫蔽的地方或遮阳网下炼苗。

移栽时，首先把试管苗从试管中小心取出，仔细洗净根系上所带的琼脂和培养基，以防止发霉。然后移栽到排水、通气性好且保湿的基质中。基质可用有机基质如泥炭和碳化稻壳等，或无机质如炉渣、蛭石、珍珠岩等。基质可单独使用，也可混合多种基质使用。使用前基质要进行消毒处理，以防止病虫害侵染。移栽初期，要求空气湿度高，土壤通气性好，光照不宜太强。4~6 周后即能在正常温室或田间生长。

实验内容

【实验目的】

利用组织培养繁育技术能够在短时间内获得大批量苗木的优势，进行三角梅茎段组织培养，以期短时间内获得大量三角梅组培苗。

【实验材料】

三角梅植株。

【实验器具与试剂】

1. 试剂

75% 乙醇、1% NaClO 溶液、无菌水、MS、蔗糖、琼脂、洗洁精等。

2. 器具

高压蒸汽灭菌锅、超净工作台、100 mL 锥形瓶、枝剪、滤纸、铁盘若干、镊子、酒精灯、打火机、计时器、纸巾、废液缸、标签纸、记号笔。

【实验步骤】

1. 培养基的配制与灭菌

按照 MS 培养基商品粉的要求配制，每升培养基加入 MS 4.43 g、蔗糖 30 g、琼脂 8 g，加蒸馏水定容至 1 L。调节 pH 为 5.8~6.0，加热、搅拌，使之溶解，然后分装至 100mL 锥形瓶中，每瓶约 30 mL。同时准备 12 个铁盘、6 瓶 500 mL 无菌水、镊子、滤纸、100 mL 锥形瓶若干，连同分装好的培养基一起，于高压蒸汽灭菌锅中 121℃灭菌

30 min。

2. 外植体的采集与清洗

选择生长健壮无病虫害的三角梅母株，采集新鲜嫩枝的茎段，去除多余的枝叶（刺），修剪成合适的长度，保留 2 ~ 3 个腋芽（若暂时不用，则将其做黑暗处理，保存在 4 ℃冰箱里）。用洗洁精清洗 5 ~ 6 min，流动水冲洗 30 min 以上，装入锥形瓶中待用。

3. 外植体的消毒与接种

（1）将剪刀、镊子、分装灭菌处理后的固体培养基、锥形瓶、无菌水、75% 乙醇、1% NaClO 溶液、废液缸、计时器、酒精灯、纸巾、记号笔等放入超净工作台。同时，将剪刀置于 95% 乙醇中浸泡消毒。打开超净工作台的紫外线灯，灭菌处理 30 min。

（2）用 75% 乙醇对手部进行表面消毒，将计时器调至 30 s，将 75% 乙醇倒入装有外植体的锥形瓶，接近装满时，快速启动计时器，用镊子轻轻搅拌，使外植体与溶液充分接触，提高消毒效果。消毒结束，将乙醇倒入废液缸，用无菌水清洗外植体 3 次。之后用 1% NaClO 溶液消毒 10 min，无菌水清洗 5 ~ 6 次。

（3）将消毒完毕的外植体放置于超净工作台内高处，清理台面。

（4）用 75% 乙醇对台面和手部进行消毒。取出灭菌处理后的铁盘，将其小心倒扣在超净工作台上。去掉第一个铁盘，取第二个铁盘，用酒精灯外焰灼烧盘内，然后将铁盘置于酒精灯火焰下方。用酒精灯外焰灼烧镊子和剪刀，冷却至室温待用。

（5）左手横拿装有外植体的锥形瓶，右手横拿镊子，小心夹取 3 ~ 4 个外植体，置于火焰下方的铁盘里。

（6）左手拿镊子夹住外植体，右手拿剪刀，将外植体茎段的两端剪除，再分为带 1 ~ 2 个腋芽、长 2 ~ 3 cm 的小茎段。注意，茎段形态学下端需保留得长一些。

（7）将茎段接种在 MS 固体培养基中。接种后，用酒精灯外焰灼烧培养瓶的瓶口和瓶盖数秒钟，降低污染率。每瓶接种 1 个外植体，每接种 1 个外植体，都需要将接种工具重新用酒精灯外焰重新灼烧一遍。

（8）接种完成，用记号笔在锥形瓶上做好标记，注明材料名称、接种日期等。

（9）将接种了外植体的锥形瓶置于光照培养室内进行培养，温度（25 ± 2）℃，光照强度 1 500 ~ 2 000 lx，光照时间 12 h/d。

【参考文献】

1. 安国立 . 细胞工程［M］. 2 版 . 北京：科学出版社，2009.

2. 白俊峰 . 用正交实验探究不同激素浓度组合对地被菊花序轴组织培养的影响［J］. 生物学通报，2018，53（5）：47–49.

3. 曹孜义，刘国民 . 实用植物组织培养技术教程［M］. 兰州：甘肃科学技术出版社，1996.

4. 陈世昌 . 植物组织培养［M］. 3 版 . 北京：高等教育出版社，2021.

5. 龚一富 . 植物组织培养实验指导［M］. 北京：科学出版社，2011.

6. 叶德柳 . 三倍体毛白杨组织培养技术体系研究［D］. 成都：四川农业大学，2001.

7. 于丽杰，韦鹏宵，曾小龙 . 植物组织培养教程［M］. 武汉：华中科技大学出版社，2015.

郑重声明

高等教育出版社依法对本书享有专有出版权。任何未经许可的复制、销售行为均违反《中华人民共和国著作权法》，其行为人将承担相应的民事责任和行政责任；构成犯罪的，将被依法追究刑事责任。为了维护市场秩序，保护读者的合法权益，避免读者误用盗版书造成不良后果，我社将配合行政执法部门和司法机关对违法犯罪的单位和个人进行严厉打击。社会各界人士如发现上述侵权行为，希望及时举报，我社将奖励举报有功人员。

反盗版举报电话　　(010)58581999　58582371

反盗版举报邮箱　dd@hep.com.cn

通信地址　北京市西城区德外大街4号　高等教育出版社法律事务部

邮政编码　100120

读者意见反馈

为收集对教材的意见建议，进一步完善教材编写并做好服务工作，读者可将对本教材的意见建议通过如下渠道反馈至我社。

咨询电话　400-810-0598

反馈邮箱　gjdzfwb@pub.hep.cn

通信地址　北京市朝阳区惠新东街4号富盛大厦1座　高等教育出版社总编辑办公室

邮政编码　100029

防伪查询说明

用户购书后刮开封底防伪涂层，使用手机微信等软件扫描二维码，会跳转至防伪查询网页，获得所购图书详细信息。

防伪客服电话　(010)58582300